清华大学学生绿色实践成果系列丛书

清华大学学生绿色实践优秀案例选集 2018

清华大学绿色大学办公室
共青团清华大学委员会 编

中国环境出版集团·北京

图书在版编目（CIP）数据

清华大学学生绿色实践优秀案例选集. 2018/清华大学绿色大学办公室，共青团清华大学委员会编. —北京：中国环境出版集团，2018.5

（清华大学学生绿色实践成果系列丛书）

ISBN 978-7-5111-3699-2

Ⅰ. ①清…　Ⅱ. ①清…　②共…　Ⅲ. ①大学生－生态环境－环境教育－案例－汇编　Ⅳ. ①X171.1

中国版本图书馆 CIP 数据核字（2018）第 126288 号

出 版 人　武德凯
责任编辑　黄　颖　殷玉婷
责任校对　任　丽
封面设计　岳　帅

出版发行　中国环境出版集团
（100062　北京市东城区广渠门内大街 16 号）
网　　址：http://www.cesp.com.cn
电子邮箱：bjgl@cesp.com.cn
联系电话：010-67112765（编辑管理部）
发行热线：010-67125803，010-67113405（传真）
印　　刷　北京中科印刷有限公司
经　　销　各地新华书店
版　　次　2018 年 5 月第 1 版
印　　次　2018 年 5 月第 1 次印刷
开　　本　880×1230　1/32
印　　张　6
字　　数　160 千字
定　　价　29.00 元

编 委 会

主　编：霍慧彬

副主编：冉　芸　铁　强

编　委：张文渊　洛桑晋美　范　虎　刘英俊

崔世博　李瑞栋　曹逸宁　雷杰斯

序

清华大学自1998年在国内高校中率先提出以“绿色教育”“绿色科研”和“绿色校园”为主要内容的绿色大学建设，将可持续发展理念融入到了大学人才培养、学科建设、科学研究和校园建设的各个环节。十八大以来，党和国家对生态文明建设高度重视，特别是进入“十三五”以来，“绿色发展”作为五大发展理念之一，对具有社会主义生态文明观的人才需求变得更加迫切，对大学教育也提出了更高的要求。

在国家生态文明建设和学校绿色大学建设的时代背景下，清华大学绿色大学办公室和校团委积极支持绿色课程开设和绿色实践平台搭建。清华学子依托平台，开展了一系列丰富多彩的绿色行动。他们努力推动绿色环保理念在校园中深入人心，深入基层，探访城市、农村生态现状，积极推动美丽中国建设，“把论文写在祖国大地上”。

本系列丛书收录了多年来清华大学学生绿色实践的典型案例，从一个侧面生动地反应了清华大学绿色教育的经验和成果，希望对其他生态文明教育实践活动的开展起到参考借鉴意义。

本书编委会

目 录

河北农村地下水超采现状

——"河山入梦"清华大学水利系赴河北支队调研报告①

1 实践地介绍

1.1 概述

河北在历史上一直是水旱灾害频发的地区。河北被称为华夏文明的发祥地之一，在历史上一直占有很重的地位，多是以富饶、美丽的字眼出现，但是现今却被贴上了“缺水”的标签，属于严重缺水的区域。其七大水系多发源于省境外的缺水区域，这些省份（内蒙古、山西、河南、北京等）在上游修建水库以及蓄水工程，直接造成河北省入境水量减少，年入境量由 20 世纪 50 年代的 9.98×10^{10} m³ 减少到 90 年代的 3×10^{10} m³ [1]，而工业的发展和人口的增加又进一步加剧了当地的水资源紧缺的状况，如今地表河流除拒马河以外皆是“有河皆枯，有水皆污”的危机局面。在这样的背景之下，人们把目光转向了之前不需要预支使用费的地下水。凿井取水自古有之，但是这样取水是建立在“收支平衡”的

① 作者：范虎（清华大学水利水电工程系 2016 级本科生）；指导老师：唐丽华、徐梦珍。

基础上的，凿井是因为方便，70 年代也开始有一些大型的凿井取水的事情发生，不过是在不打破收支平衡的情况下进行的。20 世纪末期开始，河北省开始了“入不敷出”的盲目开采，使地下水位从最初的几米、十几米、几十米下降到现在的 100 多米。在过去的 20 多年，河北省累计超采地下水超过 1×10^{12} m^3，为全国之最，而且其中包括很难补给的深层后备水源。沿海的沧州、唐山因地下水位的下降已出现海水侵入。如今的燕赵大地因为缺乏水分的滋润而变得“满目疮痍”，严重的水资源短缺同经济的快速发展使河北省陷入了尴尬的局面。[2]

1.2 水资源结构现状

根据河北省水利部门最新统计资料分析，河北省用水量不断增加的同时，用水结构呈现出明显的“三增一少”：工业用水、城市生活用水和农村生活用水均呈稳定增长趋势，农业用水比例减少到 75%左右（1950 年为 90%）。[5]

农业用水比重的下降，除工业用水和城市用水的挤占以外，主要原因有两个：一是节水灌溉，二是种植结构调整。经过 30 年的努力，河北省已经发展的节水灌溉面积为 354.4 万 hm^2，年可节水 4×10^{10} m^3。同时，从 1990 年开始陆续减少高耗水作物的种植面积，仅此一项就减少年用水 1.4×10^{10} m^3 左右。[6]

2016 年 7 月 1 日起在河北省实施水资源税改革试点。从水资源税开征半年多来的情况来看，改革倒逼一些企业减少取用地下水，转变用水方式，采取节水措施的成效初步显现，总体符合改革预期目标。差别税率倒逼地下水取用量稳中有降；税额大幅提高，倒逼特种行业，特别是耗水大户高尔夫球场等转变用水方式；用水成本增加，倒逼高耗水工业企业强化节水措施。

1.3 地下水现状

河北省是全国地下水利用程度最高的省份之一，也是地下水环境问题出现最多的省份之一。由于长期过量开采，地下水位持续下降，形成了众多的地下水漏斗。浅层地下水漏斗，主要分布在山前平原及与中部平原交接地带城市附近。深层地下水漏斗主要分布在中部平原至滨海平原。[3]

地下水过量开采，造成区域性地面沉降；在冀东沿海基岩海岸和沙质海岸地带，因深层地下淡水水位急剧下降，与上覆咸水形成了水位差，加之凿井开采深层水，使上层咸水与下层淡水局部连通，造成咸水界面下移，使深层淡水水质局部遭到破坏。此外，地下水超采间接造成湿地面积减少，土壤沙化加重的情况，增大了地表污水对地下水体的入渗，对地下水质造成污染。[4]

2 实践方法

2.1 文献调研法

实践支队在出发前，详尽地查阅了河北省的一些政府文件，一定程度上了解了河北省的基本现状。同时，选择性地查阅了一些关于地下水超采、水资源税改革、“一提一补”政策、公共管理等方面的文章，进行了一些基本的学习，并且通过对文献的查阅，找出了一些研究的方向和研究的思路。主要是预先了解当地水文信息和政策变动，学习前辈们的研究思路，先形成假象雏形（实践的可能成果），再到当地进行比对研究。

2.2 问卷调查法

我们支队针对当地的农业现状设计了一份方便当地农民回答的问卷表格，用来了解当地的种植结构、灌溉现状、农业收入和一些关于土地种植的规划。

3 机井的历史成因及现状

3.1 机井出现的农业需求原因

随着地表水资源的减少和人口的增加，人们开始寻找现有地表径流之外的水资源来补充。相比于其他途径而言（如大气输水、水利工程），直接抽取本地的地下水资源是一种可以快速解决现有用水不足的方法，而且可以有效解决上下游用水的矛盾——各地都可以通过打机井开采地下水资源，而且相比地表水资源而言，地下水资源看似是“取之不尽”的，人们难以直观地看到地下水资源的多少。

农业对于水的需求在一定程度上是硬性的——为保障作物正常的生产，必须保证作物所需的水量，而且在考虑蒸发、下渗等因素之后，水量的需求是巨大的。对于农户而言，土地和粮食是最后的保障，即使无法通过打工获得足够的收入，也可以通过土地获得足够的口粮。从某种意义上来说，土地是一些老农人的命根，可以给予农民生存的保障。为此，农户也开始自己寻找新的水源来保障自己土地灌溉的需求。在这个情况下，机井成为农户的最优先选择，因此，在过去的一段时间内，农户所打的机井的数量开始快速增长，且成为一种无法遏制的势头。

3.2 机井作用分类

现有的机井按照功能分为两个大类：生活供水和灌溉供水。按照机井分类的标准，50 m 以上的机井被称为深水井，河北省的生活供水和灌溉供水井都为深水井，其中生活供水机井的深度远远超过了灌溉供水的机井，根据村民反映，不少生活供水机井的深度已达到了 400 m。

在两个大类下进行细分，又可以分为几个小的分类。从生活供水的机井来看，按照供水单位的不同分为三类：水厂供水、本村水塔供水、自家打井供水。水厂供水的地区多为县城周边地区，地下水管连接县城水厂；本村水塔多出现在一些距离县城较远的村子，因为无法使用水厂的水而集资建造的，一个村子的水塔数量在 3 座左右；在一些较大的村子的边缘地区，由于村子扩建，这些地区没有连接到水塔，或者水塔到农户家里的水压小而供水不足的缘故，农户会自己花钱打小机井来获取生活用水。从井深的角度来看，水厂供水和本村水塔供水的水深都普遍在 400 m 左右，水质较好，调研的地区中未出现因为生活用水污染而集体生病的事情，但是自家打井供水由于成本因素，达不到足够的深度，但也未曾出现较大的污染现象。

在灌溉用水方面，各地区的机井没有大的区别，只在水深和数量上有一些区别。一般机井深度为 70～120 m，深度主要由当地的地理位置所影响（是否有地表河流等），单个机井对应的耕地面积为 60～120 亩，没有出现用水紧张的情况（基本所有的耕地都有水可以浇灌）。

3.3 机井的管理现状

农业灌溉机井管理没有相关法律规定。河北省制定了《农用机井管理暂行办法》(冀政〔1981〕107 号):机井都要固定专人,实行管理责任制。不论实行那种形式,都要有利于保护国家和集体财产,有利于充分发挥机井效益,有利于调动管理人员的积极性。不准平毁机井和变卖设备。[7]

以上是官方的管理条规。由于地下水超采的问题的突出,河北省已经划分了对应的限采区、禁采区等,机井本应该是属于被管控的物品。但是在当地随处可见打井的小广告和生活中机井供水的普遍性,反映了在河北机井的管理较不规范。近年来机井数量确实得到了一定程度的控制,但这是由于机井成本的提高以及现有机井已经基本满足了农户的生活和生产的需求,农户对于机井没有意识上的控制,对于国家政策也没有真正地了解和执行。

除机井本身的管理外,机井上应该开始安装的水表也没有得到落实。河北省为了控制地下水的开采,推行了限量机井。这种机井上有水表,由政府出资打造,但是每年的用水量是限定的(对于农户而言,农户有自己的用水卡,需要更多水的时候,需要办理相关手续)。在当地的现实现状是:这些机井被闲置,农户不愿意使用。首先是一部分农户对于机井的认知是:这是不应该被控制管理的,其次是农户的生产用水的需求是难以用刚性的政策去限制的,对于农户而言,水这一因素被限制是不能理解的,认为用水是刚需。最重要的是,政府的政策推行与后续监管不同步:以单一问题出发的管理,政策的推行又与政策向农户的普及不同步,农户的意识跟不上,导致管理变成了双方在利益上的对抗,而不是一种赢得最大集体利益的行为。

3.4 政策鼓励与效仿效应

农户的资金力量是薄弱的，但是机井的成本比较大，对于某一个农户个体而言是难以承担的；同时一口机井有能力去浇灌多个农户的土地。在这种情况下，为了解决用水的问题，生产大队的作用便体现了出来，在政府补贴一部分资金的情况下，鼓励土地相邻的农户共用一个机井，成本均摊。

原本制约农户打机井的因素中最主要的两个因素——国家的管控和机井的成本在政府的协调下都得到解决之后，在经济发展不太落后的地区都开始迅速地发展机井。机井的发展就这样被农户解读为“政府支持”——因为他们打的机井获得了生产大队资金的支持。

我们不难想象——一个地区完成了机井的打造之后，在另一个有能力去复制的地区会大力鼓励本地发展机井，因为在短时间内，地下水资源貌似是很“丰沛的”，是一种看似与地表水资源匮乏完全无关的资源存在。好像发现了新的大陆一样，在用水的领域上开始出现一种疯狂的状况：相关资料说明，从 1976 年开始，海河流域每年 1/3 的生产生活用水要靠地下水供给，目前，河北省的配套机井已高达 86 万多眼（2011 年的数据）。

3.5 生活用水的地下水

随着经济飞速发展，越来越多的地下水被污染。在和几位农户的聊天中，我们不难发现农户对过去干净丰沛的河流充满美好回忆。某一位姓张的叔叔和我们说：20 年前这里的水质很好，他们常常一起去那里洗澡，渴了的时候直接喝就行，很甜。

但是现在呢？农户基本已经放弃了饮用地表水（地下水也很少了）。在雄安新区，我们和当地农户聊天的时候，不少农户说当地的造纸厂严重污染了水源。我们支队中的一部分人前往了这个造纸厂，造纸厂不允许外人参观，不过我们通过观察企业外部和排放口均未发现一些违规行为，当然我们没有排除工厂确实有违规行为，但是农户对于地表河流和地下浅层水源的不信任是十分确定的。正是在这种情况下，对于干净的深层地下水需求促使人们开始打深井来获取生活用水。

4 地下水利用现状

4.1 现有灌溉方式对于人们用水理念的影响

在传统的渠系灌溉中，人们通过支付费用获得灌溉用水，自己所交的灌溉费用就是水费，同时这时人们还没有像现在一样普遍存在外出务工的现象，土地是农户收入的主要来源，浇水是耕作必须要做的事情，农户眼中浇水的成本是水费。水费高低是农户考虑的一个用水的因素。但是在现在由机井而形成的新的灌溉方式中，这个问题出现了很大的变化。

首先是机井的出现，改变了农户对于水费的认识。过去，农户认为浇地所交的费用就是水费，这个观念现在也影响着农户。如今农户通过电力来借助机井抽取地下水，农户所需要交的费用就变成了开动机井所需的电费。农户会将电费视为水费，认为国家规定的水费另外计算的规定是不合理的，将地下水资源当作公地，因为电费相比于抽取的水的本身的价格是很低廉的。农户会计算出来一亩地一次浇灌的费用也就在 10～20 元，十分廉价，节约用水就难以通过价格来调控了。因为电价的调整会牵涉许多方面，用水一方面成本就不是农户所考虑的制约因素了，浇灌次数多少的决定因素就发生了变化。

我们发现了当地农户存在一个很有趣的理念：当我们问及农户种地收益的时候，农户普遍反映种地不赚钱，而且三成以上农户说过种地存在赔本的现象。但是当我们按照成本和收益一一算清之后，我们发现一亩地的净收入在略高于 1 000 元的水平（玉米和麦子的收入相差不大，麦子的单价高，玉米的产量高，麦子价格稳定，玉米因为国家取消保护价格一下子暴跌到 1 元以内，收益要比麦子低一点）。询问农户之后，得到了这样的回答：当地务工的收入一天 150 元左右，干了农活就不能务工了，许多的赔本是折算了这部分对应的钱的（不过也确实存在一部分农户赔钱）。这反映了农户开始将自己的劳动成本折算在了种植成本以内，浇灌时候也是这样的。

在调查农户浇地次数的时候，我们发现，玉米的灌溉次数波动不大，大部分人的浇灌次数都是一致的，有雨水的话就 1～2 次（看雨水丰沛情况），而小麦的次数差距就很多，在 3～5 次，大部分农户是种下时候 1 次水，春水，在此之后两次水左右就可以开始收割了。这就不难发现，存在浇水次数少的 3 次和浇水次数多的 5 次，而之所以少了 1 次水，并不是电费的制约，而是农户认为这 1 次水的人力成本高于他的预期收入，在“嫌麻烦”的时候就省掉了 1 次水。对于多了这 1 次水的农户则是因为自己没有其他的活动，希望可以增加地里面的作物产量，获得更高的收入（不算人力成本的收入）。人们的用水理念不再是水价的高低，而是考虑劳动成本之后依据每个人的“勤劳程度”来考虑。

在生活用水方面，河北当地居民的生活用水多取自于地下水，供水的方式主要是集体供水和自家供水两种。临近的两个村子之间也会存在较大的差异性。不同村子用水的情况：①靠近县城，存在一些村子接上了县城的水管，直接使用城市管网供水；②一些村子不能从城市管网供水的会选择自己修水塔，打深井取水（一些地下水严重超采的地区井深约 400 m）；③一些比较大的村子，存在村子内部集体供水，村子外部自家供水的情况。

对于县城供水的家庭而言，每年的水费是一笔小开支，在 100～200 元，而对于村内打深井的村子而言，主要的投入资金是水塔建造的费用，这些费用是需要村内合资的，政策也有补贴，需要支付的费用多是按人头来交电费的，有些村子会直接从集体经济里面掏电费。如果家里面有菜园子的，一般都是家里面有小机井来浇水。由此可知，在农村，水价是比较偏低的，而且如果水价高的话村民会通过打井等方式来解决问题，并且会因为水开采的简单和低成本让农户难以形成节水的意识。

4.2 用水理念对于用水量的影响

在摆脱过去水价制约用水的理念之后，因为单次浇水量不是那么影响一个人的劳动成本（浇灌时可以离开土地一段时间，在水浇灌得差不多之后才过去关掉水或者更换浇灌的田格），电价的成本是很低的，所以农户可以给土地浇灌得足够满（水的高度），来避免干旱，所以农户很难产生单次用水适量的理念（农户不知道作物需要多少，但是知道在浇灌多少水后作物不会旱），所以浇水的量比实际的需要量更多。除此之外，农户虽然通过经验知道了作物需要水的大致规律，与科学角度上的大致规律基本一致，但是在一些细的方面却抱着“管够”的心态去做事情（农户普遍认为作物的产量与浇水次数的多少有关，认为浇水的人家产量多，但是我们发现几乎所有人家的小麦产量都过了亩产 500 kg 的大关，产量更多地取决于个人的管理），没有科学减少浇水的次数（有些地区的农户有这个理念，但是很少）。

以玉米为例，从玉米生育期需水规律看，需水量呈单峰曲线，苗期需水较少，孕穗期（拔节—抽雄）增多，灌溉期达到高峰，以后逐渐减少。[8]玉米的灌溉用水是需要根据玉米生长的需要来合理安排灌溉的时间和用水量，玉米对水分状况的反应总的趋势是苗期比较耐旱，从拔节以后对水分亏缺越来越敏感，抽丝期最敏感，此后敏感性下降。所以需要在玉米需要水的时候才进行相对时间较长的灌溉，以增加土地的湿度来满足玉米的生长，而在玉米的前期控制水量来达到节水的效果。但是农户只知道在玉米后期的时候多浇水，具体的时间和量是不知道的，当产量减少的时候明年就会增加水量，但是产量不减少的时候并不会减少水的用量。

这些用水理念反映农户的生活上就是允许超量的灌溉，而不会去科学地寻找合适的用水量，无形之中增加了不少的实际用水量。

5 现有农业结构分析

5.1 分布现状

当地种植的作物有：玉米、麦子、水稻、莲藕、茭白、国槐、中药等。但是我们在调研中发现玉米和麦子属于占有面积最多的；水稻和莲藕只在河流旁边存在，靠近白洋淀；其他种植存在比较大的盲目性和从众性。荒地存在的比较少。多数农户都是按照玉米和麦子的轮种方式耕作，在自己的菜园子里面有少量的菜地满足自己家庭的需求。在我们的调研中，在一般的村落中，玉米和麦子轮种的土地达到了 70%左右，玉米单种达到了 10%，蔬菜的种植很少，不足 10%，除此之外，还有零星的其他作物的种植，如绿化用树、中药材，只有不到 5%的土地被弃种。

但是在安新县府河附近的一个村子，出现了另一种情况：当地居民居住在府河的一侧，这一侧的土地也大都是麦子和玉米轮种（面积很少，不到村子耕地的 1/3），在另外一侧，2 000 多亩的土地通过“土地流转”的方式由 4 户承包，每户都有 500 亩以上的土地，种植的作物以莲藕和水稻为主，约各占 50%，里面还有不到一成的茭白种植。这 4 户人家通过从府河抽水来满足作物供水，将其改造成了水田。

在与农户的交流中，我们发现，农户种植的作物种类的选择并没有生产大队的指导，在选择的时候更多的是考虑两个因素——人力成本和作物的经济产出（这个经济产出往往是未观察市场的结果，都是依赖于上年或者之前其他农户种植的收益来判断的，这就导致了许多农户存在跟风的现状）。

5.2 现状分析

调研区域作物种植结构基本没有宏观上的调控，完全是农户自己的选择，政府缺乏一些政策性的指导，容易出现单种作物几年内种植面积迅速扩大，导致农户因为作物价格的下跌而没有利润可言。现有农业结构分析：首先需要对白洋淀流域附近地区的种植业进行宏观的调控，将产业结构调整到相对更加合理丰富的方向上来。农户的种植，首先是满足自身经济需求的，所以一味地强调节水是达不到节水初衷的，也会产生新的问题。以玉米为例，虽然种植玉米相对于种植蔬菜、麦子、水稻而言更加节水，但是中国的玉米供大于求，在之前取消保护价格之后，直接导致农户的收入低了很多，许多农户的生活突然就受到了巨大的冲击，但是不取消保护价格又会极大地加重国家的负担。除此之外，许多农户并没有种植更多土地的意愿，所以一味地强调种植玉米是行不通的。而且蔬菜的实际需求和实际的灌溉水量之间是存在很大的“水分”的，在地下水开采限制，黑河水被限制流量的张掖市，蔬菜产业也可以得到很好的发展，所以，在一定程度上节水设备和灌溉方式的改革才能从根本上缓解缺水的问题。

经济作物并不都是费水的，可以在一些适合的区域内部进行政策鼓励来解决调整种植结构。在一定的区域内，可以通过补贴等方式鼓励农户取消玉米、小麦轮种，或者鼓励少部分地区进行早熟玉米的种植（早熟的黏玉米在市场行情好的时候效益是可观的，但是早熟的普通玉米如果不是以类似蔬果供应的方式销售，利润是很低的）来减少小麦种植的面积。对不合理出现的水稻和莲藕可以通过引导的方式来减少种植面积。

总体而言，虽然河北省作为粮食的主要产出省份，而且因为18 亿亩土地的红线和粮食储备战略等因素，河北省无法做到像张掖一样可以大规模发展经济作物，但是在产业结构上的调整仍然是大有可为的。首先，粮食作物的品类很多，对赋闲在家的农户完全可以在政府的指导下进行新的粮食作物的种植，如薯类作物和豆类作物。此外，对于一些劳动力集中的地区可以鼓励农户供应北京、雄安所需的经济作物来提高农民的劳动积极性，可以在作物的推广中就把节水的设备配套输出，或者可以在作物的灌溉上教授科学的理念，减少过度灌溉的情况。

6　现状总结以及前景分析

6.1　现状总结

河北省的地下水超采的问题是十分突出的，且在实际管理当中也存在困难。其原因有：①过去为解决用水问题，政府或者大队通过补贴的方式鼓励农户打机井，农户现在认为这些机井是政府鼓励的，对于现有政策的推行持有疑问。②机井改变了农户的灌溉方式，从交水费浇水到现在交电费浇水，农户减少了平均单次的用水成本（用平均单次的原因是机井本身是有成本的，需要均摊到每一次的成本里面），农户难以因为价格的因素而减少水量的使用。同时因为农户普遍认为水费就是电费，那么现在推行的“一提一补”等措施就会因为难以在机井上安装水表而无法来统计用水量。③农户对于种植没有科学上的认识，凭借经验主义，用水量往往超过实际需求量才能保证作物的正常生长，无形之中多消耗了很多水。④农户的意识不足以让他们在行动上发生大的改变来改善现状，但是现在政府在农村缺乏足够的力量来管理和宣传，很难从根本上扭转现状。

除此之外，河北省在整体的农业规划上缺乏大的合理布局，农户越来越难以从种地上获得供养家庭的收入，导致农村的人口流失严重，对于现有的现状，缺乏农村人才的带领，进一步加剧了“水有人用，但无人管”的尴尬局面。间接影响农村的水资源利用效率。

但是为了解决现有问题提出的政策与现实存在较大的脱节（如限流的机井，只是认为限制了每个人的用水量就好了，但是缺少从农户的角度出发，为农户的利益着想)。而且一些水价、水权的概念没有通过政策很好地去宣传，没有从改变农户理念上去做工作，如果只试图从制度上找到解决的方案，则存在很大的反弹隐患。

6.2 其他模式借鉴与思考

山西省不同于河北省，河北省多是平原，而山西省多是山地。当地的农户习惯将一些难以浇上水的地区称为旱地，这些山地基本上都是“靠天吃饭”。当地的农户在这些旱地种植一些抗旱的中药材，收入要比玉米和小麦的轮种收入多出很多。平均一亩地可以达到 2 000～4 000 元。当地的机井数量也是相对较少的，地下水开采现状相对于河北省好很多。

在甘肃张掖，虽然地处西北，水资源也缺少，而且最大的地表径流——黑河也因为要给下游留有足够的水而减少很大的可用水量，但是通过大规模的节水农业的推广使当地的农业获得了很好的发展。张掖市的很多农户加入了当地的订单农业中，由企业来预先承担农户的节水设施的支出，以此来推动节水，同时多种多样的作物种植和整体地种植结构的调整都让张掖在农业发展上面能够取得巨大的成功。从目前的情况来看，“企业+产业协会+生产基地+农户”的生产销售模式是相当成功的，能够保证企业平稳的发展，保证农户的生产利益，扶贫效果明显，实现“双赢”局面。该种生产销售模式，可以作为当地企业发展的一个借鉴。从节水的角度来讲，节水农业的发展本身就需要一个大的前期投入，这个成本如果让农民来负担的话，可能就会导致农民对于节水农业推广的消极态度，同时很多节水设备是可以在一定区域内共享的，单个农户使用成本效率很低。

6.3 未来发展分析

政策是必须讲究切实可行的。我们希望地下水超采问题得到切实有效的解决，但这个问题不是一蹴而就的。需要在实行强制措施的同时考虑一些农户自身的需求，善用宣传的力量，让更多科学技术能够很好地得到推广。当问题不能很好解决的时候，要把解决的视角换成缓解的视角，让政策自带弹性。

相比于散户的存在，公司企业和农户合作具有很大的优势，可以将建设节水农业的成本由公司企业来预付，并且推广一些新的作物品种，农户只需要进行种植就可以，不需要担心一些特色农产品的销售问题。农户不愿意更换种植作物的一个很大的原因就是担心种植出来的产品销售不出去。除此之外，合作社的方式也是一个可以尝试的方向。笔者曾经在一次实践中有幸参观了一个村成功的合作社模式，也被当地的村支书称为“334 模式”——村中的农户以土地入股，村委会管理，先由合作社支付工资雇佣当地村民进行生产活动，将除去工资、农药、种子等成本后的净收入分成 10 份，村委会分 3 成，农户按股份共分红 4 成，剩下的 3 成用于合作社次年运营和一些扩建活动。通过进行文化旅游、“QQ 农场”等特色项目实现农民增收。公司运行的模式也是比较多的形式，可以是雇佣制度，也可以是收购的形式，不过核心是规模化和双方或者多方互利互惠。

政府可以通过政策鼓励、支持土地流转等方式来吸引一些企业入驻，通过企业来进行实际的操作。因为企业相比于众多的散户便于管理和督查。而且白洋淀流域靠近北京，加上雄安新区的设立，这里的产品可以依托交通的优势销售出去。在京津冀一体化建设的背景下，河北可以作为两个北方重要城市的蔬菜水果等产品的供应地，并且打造一些特色文化旅游乡村，以开发促保护，在守住耕地红线的同时尽可能做到节水与经济的双重效益。

除此之外，用政策鼓励村内部人才带动村进行发展，利用农村人才这个抓手来帮助管理农村的农田，实现自治的科学化。改变农村的核心在于要有效改变村民的心态。节水并不只是政府的事情，土地是农民的根基，保护家园是每个人的责任。在笔者解释农业其实是用水的很大一部分而且其实可以用一些手段减少水的浪费时候被这样告知："我不知道什么节水不节水，我只知道需要浇水。"我们在处理农村用水问题的时候往往是错综复杂的，但是其实也很简单，水的问题归根到底是人的问题。现实的情况是政府的力量不足以在社会的方方面面去发挥作用，不过可以遍布到社会的所有阶层，通过寻找政府的抓手来帮助政府在现有力量薄弱的地区去管理当地的农户，以便进行更全面的调控。

参考文献

[1] 姚晨光. 河北省水资源开发利用现状与对策[J]. 海河水利，2006（4）：6-7.

[2] 王伟. 河北省水资源现状及对策研究[J]. 中国环境管理，2004（2）：61-65.

[3] 李树旗，李艺欣，刘朝华. 河北省农村地下水污染的途径及综合治理措施研究[J]. 沧州师范学院学报，2013（4）：8-10.

[4] 温荣平. 河北省地下水超采及造成的危害和治理[J]. 水利科技与经济，2015（12）：10-12.

[5] 《农用机井管理暂行办法》[冀政（1981）107 号].

[6] 高产玉米节水灌溉措施[J]. 北京农业，1998（7）.

重庆涪陵地区农村水环境治理保护机制

——“河山入梦”清华大学水利系赴重庆支队调研报告[①]

2017 年 7 月 24 日—8 月 1 日，清华大学水利系“河山入梦”实践团队一行 7 人前往重庆市涪陵区开展主题为“农村水环境治理保护机制”的学习调研。在涪陵区水务局工作人员的大力支持下，支队和涪陵区环保局、水务局、农委进行了座谈，之后分赴涪陵区的江北街道、龙桥镇和马武镇政府座谈，并下乡进行问卷调查和半结构化访谈，支队共走了 8 个村。

支队从政府层面，对环保局、水务局、农委等部门进行座谈，详细了解各个部门的责任分工，具体措施，制度实施情况以及管理体制运行过程中成功的经验和问题存在的根源。在村民层面，与村委会进行访谈，对村民进行了问卷调查，了解村民在环境治理过程中对政府措施的了解程度，弄清由上而下的制度措施的具体执行情况，以及村民意识对整治绩效的作用。综合了解政府和村民对水环境整治的地位和作用。

本报告具体介绍了此次实践的调研背景，然后从生活垃圾、

---

① 作者：刘英俊（清华大学水利水电工程系 2016 级本科生）、刘愉之（清华大学社会科学学院 2016 级本科生）、张凤强（清华大学水利水电工程系 2016 级本科生）、叶鑫玮（清华大学水利水电工程系 2016 级本科生）、张桐瑜（清华大学水利水电工程系 2016 级本科生）、冉雪焉（清华大学水利水电工程系 2016 级本科生）；指导老师：杨汉波、徐梦珍、唐丽华。

生活污水与畜禽养殖粪便污水、农药化肥、农田废物、榨菜废水以及河长制等方面总结归纳了现状，有关治理保护农村水环境的部门，以及各部门的责任分工，实行的具体措施，措施实施情况及效果等。最后分析了当地水环境治理保护中政府主导，村民参与制度的成因，提出了几点目前管理体制的不足，并给出一些改进建议。

1 选题背景

1.1 现状背景

改革开放以来，我国农村经济取得了长足发展，但传统粗放的农村经济发展模式并没有得到根本转变，农村水体受畜禽养殖、工业废水等方面的污染，水质下降，水域面积减少，水环境问题日趋严重。一方面，农村饮用水源和生活用水遭到污染，直接威胁着农村群众的身体健康和日常需求。另一方面，由于农民常引河水用于灌溉农田，水污染扩展到土壤污染，问题的严重性进一步加强。农村地区的水污染问题已成为制约我国农村生态环境、农业可持续发展和威胁农村居民健康的重要原因，关乎广大农民的切身利益，影响农业可持续发展和农村社会的和谐稳定。

重庆市涪陵区位于三峡库区腹地，长江、乌江交汇之处，农村水系发达，水资源丰富，种植业、畜牧业和工业都较为发达，水环境问题尤为突出。近年来，涪陵区推行了一系列政策措施，对农村水环境进行集中治理。

1.2 政策背景

近年来，农村水环境保护工作得到党中央、国务院的高度重视和社会的广泛关注。在法律层面上，《中华人民共和国水法》《中华人民共和国水污染防治法》《中华人民共和国环境保护法》《中华人民共和国农业法》等政策法规对农村水环境治理和保护的相关问题做出了规定。另外，中央在 2005 年提出“落实畜禽规模养殖环境影响评价制度”，2006 年提出“重点推广废弃物综合利用技术”，2009 年提出“实行以奖促治的污染治理政策”，2011 年，出台《国务院关于加强环境保护重点工作的意见》，为基层具体工作提出了明确的标准和相应措施。2014 年和 2017 年，中央发布了《全国农村环境综合整治“十二五”规划》和《全国农村环境综合整治“十三五”规划》，加快解决农村突出环境问题，推动各地、各部门切实履行农村环境保护职责。2016 年 10 月 11 日，习近平总书记主持召开中央全面深化改革领导小组第 28 次会议，审议通过了《关于全面推行河长制的意见》，并于 2016 年 12 月由中共中央、国务院印发，要求各地区各部门结合实际认真贯彻落实，为推进水环境保护再次增添了政策要求。

要解决农业农村面源污染问题和水环境保护问题，有效切实地加强污染防治和水环境污染治理，健全、完善、运行顺畅的管理体制是实施管理的根本基础。一个良好的环境管理体制，应该能够像“指挥发射塔”一样，及时、有力地执行各项环境管理命令，有效地开展环境保护工作。目前，我国虽然已初步建立了农村水环境管理体制，并赋予了基本工作职能，但整体还不完善，部分政策还未能落实到农村，即使是已经落实的政策，其持久性也待考证。这导致农村水环境治理保护仍存在较大的难题。因此此次实践前往重庆涪陵地区，调研学习了当地对于农村水环境治理和保护成功的经验以及发现目前还存在的困境，并提出了一些建议。

就重庆市涪陵区而言，2013 年开始的“农村环境连片整治示范项目”、2016 年印发的《关于进一步加强改善农村人居环境工作的实施意见》以及河长制的贯彻落实等都对区内农村水环境治理和保护工作提出了具体措施和要求。近年来，涪陵区推行了一系列政策措施，对农村水环境进行集中治理，成绩斐然。

2 农村水环境污染源及污染现状

2.1 生活垃圾

涪陵区各镇、街道普遍采取增设垃圾箱、修建垃圾箱平台的方式收集生活垃圾。

为了真实反映政策的落实情况，我们对到达每个村的部分村民都做了有针对性的问卷调查。相同的问卷，各地村民的填写情况却不尽相同，这让我们真切地感受到了各地政策实施情况的差异。从问卷调查结果来看，我们所到的各个村、社区都切实增设了垃圾桶，并且有专门的垃圾保洁员负责转运，村民定点投放垃圾的意识也有所增强，在“如果有人随意丢弃垃圾，污染河道，你会怎么做”一项中，有不少村民表示要“上前制止”。但是“垃圾箱是否够用”“垃圾箱满了是否会有人及时运走”这两个问题的调查结果，反映出个别村庄存在垃圾箱不够用，偶尔垃圾转运不及时的问题。在邓家村，我们从对村民的问卷调查以及与村干部的访谈中得知，该村以每月 800 元的工资雇佣垃圾保洁员，一般由生产队长担任，进行每天的监督清理工作，目前已经实现了垃圾桶和垃圾池的全覆盖，村民们大多定投放垃圾，自觉意识比较强。但目前还无法实现垃圾分类，主要原因在于垃圾箱的配置以及村民大多无法辨别进行分类。生活垃圾的处理是一项长期的工作，不仅需要因地制宜的政策的实施，更需要村民的配合，只有村民的环保意识提高，生活垃圾的处理转运机制才能够长久。

2.2 生活污水与畜禽养殖粪便污水

由于农村每家每户都有粪坑（厕所），生活污水和自家养殖家禽的粪便污水一般倒入粪坑，最后统一用作有机肥进行还田处理。由于粪坑为农户自己挖的土坑，无防渗处理，部分污水会渗入地下，对地下水或土壤造成污染，沼气池虽然全覆盖，但是由于漏气等种种原因，使用率很低，而村民问卷的结果也显示目前使用沼气池的农户只占 30%～40%。在城镇化较快的袁家村，在居民聚集点已实现了污水管网全覆盖，但散户仍将污水排入自家粪坑。由此可以看出，一项政策的贯彻执行从上到下，到了基层的具体落实，并不那么容易，因为政策制定未必能将所有基层出现的具体情况纳入在列，所以还需在实践之中逐渐完善解决。

2.3 农药化肥

在对农户的问卷分析中得到，多数村民还是使用自家农家肥进行施肥，并将不足部分用普通化肥代替，对生物防治知之甚少，并且有部分村民认为没有使用生物防治的必要。关于农药化肥使用量，多数村民表示，与上年相比用量减少或者没有增长，由此可见，农药与化肥的用量控制起到了一定的效果，这主要是政府调控的功劳。农民的意识提高是一个逐渐的过程，不可能一蹴而就，目前农民大多数在购买农药和化肥时还是以自身经济利益为出发点，这就需要镇政府、村干部继续加大宣传力度。

2.4 农田废弃物

据了解，涪陵区农业主要是种植业，也有一定规模的养殖业，当地农民主要种植玉米、水稻以及榨菜。秋收之后，秸秆的合理处理是保证环境良好的重要条件。

据涪陵区农委的相关人员介绍，2016 年涪陵区的环保规定对就地焚烧秸秆的农户进行 500～2 000 元的罚款后，农户对不焚烧秸秆的接受程度普遍较高。问卷调查也显示，接近 60%的村民表示村里面在过去的一年内接受过有关禁止焚烧秸秆的宣传。各村将禁止焚烧秸秆写入村规民约，并由村委会向村民宣传。目前就地焚烧秸秆的现象已基本消除。每年的秋收季节村委会就会进行不间断的巡视，若发现有村民焚烧秸秆的现象，就会立刻制止，并进行口头教育。另外，涪陵区农委在每年的秋收季节都会成立巡视小组，定期巡查有没有焚烧秸秆的现象，接到举报电话后，巡视小组也会及时赶到，制止村民焚烧秸秆，并进行处罚。

根据问卷调查结果，20%的农民选择就地焚烧秸秆，30%的农民选择将秸秆就地放置、自然腐烂，50%的农民会将秸秆拉回家当作燃料或动物的饲料。也有农民将秸秆出售给秸秆回收公司，但由于收购量有限，因此该种处理方式所占比例可以忽略不计。和之前 80%的秸秆都就地焚烧的现象相比，调查表明，目前该政策已深入民心，村民已经从意识上改变了原来的观念。

2.5 榨菜废水

榨菜种植和生产是涪陵的一大支柱产业。涪陵区榨菜种植涉及 30 多个乡、镇、街道 16 万农户 60 多万菜农。目前涪陵区有大、中、小型榨菜加工企业 100 多家，其中出口榨菜企业 8 家，国家级产业化龙头企业 1 家，市级产业化龙头企业 3 家，区级产业化龙头企业 12 家，年加工量达到 50 万 t 以上。

榨菜的腌制、淘洗、脱盐、脱水和杀菌过程会产生大量的高盐废水，如果废水得不到有效的处理，就会对周围的水环境和长江造成严重的污染。目前榨菜废水的处理主要有两个层面：农户小作坊废水和正规榨菜企业废水。

农户小作坊：一些小型榨菜加工企业由于生产力有限或为减低成本，会直接从农户的小作坊收购经过初步腌制的榨菜。此类农户小作坊具有数量多且布局分散的特点，污水很难得到有效的处理。根据污染防治法，目前涪陵区采取的办法是企业在收购榨菜的同时必须负责污水的处理，即“谁收购谁处理污水”。但有村民反映，企业在收购榨菜的时候存在榨菜废水不能完全被处理的现象。我们从重庆市涪陵区龙桥镇袁家村的村支书处了解到，目前榨菜企业的污水处理设施只能处理自己产生的污水，因此在农户小作坊的污水处理方面，当地政府给农户每吨污水 30 元的污水处理补贴，农户自己花费每吨 30 元，有政府相关部门出面，与附近可处理榨菜污水的污水处理厂达成协议，从而处理农户小作坊产生的污水。问卷调查显示，所有小作坊都被县级农村服务中心明令禁止向河道里排放榨菜污水，约 90%的农户表示榨菜污水得到了有效合理的解决。

正规榨菜企业：相比农户小作坊，正规的榨菜企业产生的废水要多得多，因此要解决榨菜废水的污染问题，最重要的是要实现对正规榨菜企业污水排放的管控。目前涪陵区的榨菜企业已经被强制要求修建污水处理设施，对拒不修建污水处理设施的企业采取行政手段，吊销其生产资格证书。然而要治理榨菜废水，仅修建污水处理设施是不够的，如何保证企业能够按照要求处理废水才是保证污水能被处理的重要措施。据重庆市涪陵区水务局的相关人员介绍，目前政府部门还不能实现对企业污水处理进行有效的监督，污水排放是否达标仅听企业一家之言，存在很大的隐患。一些企业法治观念淡薄，为减少生产成本，擅自停止废水处理设备，另外，榨菜污水处理缺乏资金。榨菜污水治理和运营投资较大，对于中小型企业来说，资金来源是治理榨菜污水的主要限制条件。特别是对于小型企业，由于起步较晚，实力较弱，难以满足榨菜废水治理所需要的较高资金，而国家在这方面的补贴也略显不足。因此，政府应重视并适当地加大污水处理补贴和建立有效的监督体制。

3 污染治理政策措施

3.1 生活垃圾

生活垃圾治理是农村环境治理的重点，过去受生活习惯的影响，涪陵区农村生活垃圾乱丢、乱倒现象严重，对农村生活环境造成了很大的污染。近几年，涪陵区按照“村（居）收集、乡（镇）转运、区（县）处置”的原则，各部门分工明确，确保垃圾及时清理和妥善处置，改善城乡环境卫生。

在区一级层面，主要由区市政园林局牵头负责垃圾收集处理和农村“脏、乱、差”治理工作，在制定政策发面发挥着重要作用，具体工作是牵头制定城乡垃圾收运、处置长效运行机制，如生活垃圾网格化措施、生活垃圾定点投放；协调、指导大型垃圾处理场的运营管理。在镇或街道层面，由镇或街道负责村或社区的垃圾箱、垃圾池及垃圾转运点的分配规划。在村（社区）层面，村委会执行镇（街道）提出的措施，由村委会以 800 元/月的工资雇佣垃圾保洁员，确保村民的垃圾定点投放以及垃圾的及时收集转运，此外，村委会还负责对村民环保意识的宣传教育。整个政策的执行过程是灵活的，各个镇可以根据实际情况对区建议的政策进行实施、反馈，提出更加符合自身的措施，再向区级部门反映并申请项目资金。

3.2 生活污水与畜禽养殖粪便污水

这两个方面的治理任务较重，涉及的部门也较多。对于生活污水，在区级层面主要由区水务局负责统筹规划，其实施的主要措施有负责协调、指导城区污水收集管网建设；启动乡镇污水处理费征收工作；维护农村饮水安全工程设施；饮水水源保护，加强水源污染防治等。区环保局负责污水处理系统的建设和运行维护工作。对于畜禽养殖粪便污水，区级层面区畜牧局负责畜禽养殖污染治理工作，主要起制定措施、指导、监督的作用。对涪陵区进行了“三区”的划分，分别为禁养区、限养区、适养区，其中禁养区严禁新建畜禽养殖场，对已建的畜禽养殖场实行关闭；限养区实行畜禽养殖存栏总量控制，畜禽养殖存栏总量超过畜禽养殖存栏控制总量的，不得新建、扩建畜禽养殖场；适养区遵照“以地定畜”的原则，鼓励和引导非禁养区的小规模饲养向适度规模、标准化转变，引导禽类散养户在住房院坝外放养，这样就有效减少了畜禽养殖粪便污水总量。同时推动畜禽养殖废弃物综合利用，使畜禽粪便利用率达到 60%以上。

在镇或街道层面，由于各个地区的现状不同，采取的措施也不尽相同。位于杨柳溪流域的江北街道采取对辖区内所有养殖户进行整治规范、对集中居民点的生活污水进行生化池处理等措施。具体做法有：第一，对其中居民点的化粪池进行了改造，使居民点的生活污水首先保证用于农用地消纳，然后进行腐化沉淀后排放。第二，摸清了流域内畜禽养殖底数，制定整治方案，2017 年已关闭杨柳溪流域内的 2 户养殖场，对 11 户养殖场进行了全面整改，完善了排污管等。马武镇对其境内的小溪河采取了整治措施，启动了村庄连片整治项目；在场镇、农民新村建设生活污水管网和一体化污水处理设施，将生活污水统一收集至污水设施处理，污水处理设施由市环投集团维护管理。

此外，政府正在推行移动猪舍养猪方法，利用可移动的猪舍养殖生猪，并配有可移动沼气池和移动粪便储存池。移动猪舍的好处在于可随意移动，每过一段时间可以更换地点养猪，原养殖地由于环境的自我修复，可有效降低对其耕地的破坏，减少对环境的污染，还可收集沼气进行发酵，制作有机肥浇灌土地，实现大棚种植循环。这样的生猪养殖方法，既科学又环保，符合可持续发展的理念，值得推广。

3.3 农药化肥

农药化肥在区级层面主要由区农委负责，区农委负责宏观调控化肥与有机肥的投入比例，从实践中得知，近两年有机肥使用增加，但主要是在果树上使用。另外，还采取了一些措施如推广测土配方技术以提高化肥利用率、企业与农民合作的移动猪舍；在农药方面推广绿色环保的物理防治如杀虫灯、粘蝗板，生物防治如稻田养鸭，但除了生物农药，其他都是在试点推行，村民的认知度也不是很高。由镇（街道）政府进行宣传工作，在化肥方面，种植大户有意识使用有机肥，而普通农户除了使用自家农家肥，大部分化肥还是普通化肥。“测土配方”项目由区农委推行，村委会负责配合工作。在所经的 3 个县级政府中“测土配方”只在龙桥镇广泛推行，化肥厂根据专门测土配方配置专门成品肥料，村民直接购买。目前，龙桥镇村民已经全部使用测土配方肥料。

3.4 农田废弃物

2016 年涪陵区的环保规定对就地焚烧秸秆的农户进行 500～2 000 元的罚款，并将此规定写入村规民约，由村委会向村民宣传。此外，县级农服中心在秋收季节还成立巡视小组，定期巡查，在接到举报电话后及时赶到现场进行教育或处罚。因此在秋收季节也是农服中心最为繁忙的时候。

3.5 榨菜废水

对农户小型的榨菜半成品加工作坊中废水的处理，目前涪陵区要求企业在收购榨菜的同时必须负责污水的处理，即“谁收购谁处理污水”。在榨菜厂污水处理能力有限的情况下，由于不能同时收回农户的榨菜废水，政府施行污水处理补贴政策，即与附近的污水处理厂达成协议，处理农户生产产生的榨菜废水。其中由政府补贴一般的处理费，其余由农户自己承担。

对于正规榨菜厂，榨菜企业已经被强制要求修建污水处理设施，对拒不修建污水处理设施的企业采取行政手段，吊销其生产资格证书。

3.6 河长制

河长制，即由各级党政主要负责人担任“河长”，负责辖区内河流的污染治理。村级河长由村支书担任。2017 年 3 月 16 日重庆市印发了《重庆市全面推行河长制工作方案》，标志着重庆市全面推行河长制。

重庆市涪陵区目前推行三级河长制度，区级、乡镇街道级和村（社区）级，区级河长受重庆市级河长领导。这些自上而下、大大小小的“河长”实现了对区域内河流的“无缝覆盖”，强化了入江水质达标的责任。

重庆市涪陵区的河长制取得了立竿见影的效果。在过去的河道污染治理过程中，“多头治水”导致政府部门之间相互推脱责任。河长制改变了这种不良的社会风气，在最大限度上整合了各级党委政府的执行力。工商、公安、城管等部门也参与了河道的污染治理，保证了在治理过程中的任一环节都有部门、有专人负责。而治理的效果对政府政绩的一票表决权更是让每个部门都不敢玩忽职守，大大提高了水环境治理的行政效能。

涪陵区辖区内的河道在河长制实施之后，河道污染得到了有效治理，按照相关规定，依法关闭和整改养殖场，确保养殖场蓄粪池和排污设施完善。目前所有养殖场已整改到位；拆除和整改不符合标准、破坏环境的小水坝，整治了 89 个小水电站；在居民聚居点修建化粪池，保证没有居民生活污水直接进入河道。并组织人员清理河道，各级领导亲自下河清漂，表示对河道治理的高度重视；在各村落投放垃圾箱，安排专人将垃圾送到垃圾处理站处理，改变了过去村民向河道倾倒生活垃圾的习惯。问卷调查显示，超过 90%的群众对河道的污染治理表示满意，并希望政府加强对河道污染的治理。如马武镇内的小溪河全长 18 km 左右，整个流域周边居民约 5 000 人。长期以来，小溪河受农村生活垃圾乱丢乱倒的污染，为此，近两年，马武镇投入资金 200 余万元，在场镇、农民新村、居民聚集点设立了垃圾箱体 39 个、垃圾桶

220 个，购置垃圾收运车 2 辆、街道冲洗车 1 辆、三轮车 15 辆。对全镇垃圾收运采取市场化运作，每年投入 40 余万元委托重庆美地公司将各个点的垃圾收运到马武垃圾中转站，再由区城建集团运至蔺枝坝集中处理。整个小溪河流域内场镇、农民新村、居民聚集点的生活垃圾都统一纳入了收运。此外，为整治小溪河河道沿岸垃圾污染，马武镇在 2017 年 6 月底开展了一次清漂活动，对流域沿线的白色垃圾等进行了一次大清理。7 月中旬进行的第二次清漂更是成效显著，共清理垃圾 500 kg 左右，得到村民的一致好评。

此外，重庆市涪陵区推行“河库警长制度”，由派出所的干警任警长，协助河长治理河流。每一条河流由干警任河库警长。警长制的优点在于公安机关介入河流治理，由警长出面，立案追查并处理。相比于行政部门，公安机关有着处罚，拘捕违法者的全力，有更强的威信力、取证手段专业合法、与群众交流经验丰富、可以以案说法。电视媒体宣传在解决河道污染的过程中群众对政府的整改要求置之不理时，有警长的协助会变得更加顺利。在实行警长制度之后，重庆涪陵河道污染治理取得了更好的效果。目前，涪陵区正在尝试推广这一制度。

4 农村水环境保护机制分析

农村水环境污染具有时空分散、形式多样的特征。根据政府干预程度的差异，农村水环境管理体制可分为三类，即政府直接管理、村民自发（市场）管理和介于两者之间的合作管理。

政府直接管理：基于现有的水环境管理体制，将县一级的政府机构向下延伸到村一级，在村里面设水利站、环保办公室等。

政府从村庄手中接管农村河流水环境管理权，派驻行政人员看护管理农村河流，直接通过行政权力及相关手段配置各种资源。

村民自发管理：建立在农民自觉自愿的进行水环境保护的基础上。通过建立“村规民约”的形式进行农村水环境管理。村委会可以规定村民垃圾的放置地点，化肥农药的使用量，筹集资金，组织村民共同清理河道，植树种草等。村委会也可将河流的使用权承包给村民，村民按照规定进行水环境的管理。

合作管理：政府相关部门的责任和权利主要为向村委会提供用于农村环境治理的专项资金，保证对村委会开展农村环境治理提供全程的政策与行政支持；检查农村环境治理效果，并根据治理效果采取奖励或处罚行动。村委会的责任和权利为组织本村村民开展农村环境治理工作，并保证治理效果达到合同规定的标准。当地村民和政府相关部门组成联合评估小组，对村委会承担的合同义务履行情况进行检查和评估。[1]

通过实践调研发现，重庆涪陵地区农村水环境保护机制是基于合作形式的政府主导，村民参与式机制。

主要原因有以下几个方面：

4.1 村民经济能力

村民的收入水平和经济实力会直接影响村民对水环境保护管理的投入水平。问卷分析得到，在实践中调研过的 8 个村年平均收入为 28 000 元/户，经济水平较低，因此相比需要一定经济投入的村民自主管理模式，村民只需参与而不用投入经费的政府直接管理模式和合作管理模式更能被村民接受。

4.2 当地风俗文化特点

政策的实行效果在很大程度上取决于与当地文化习俗的相合程度。调研问卷分析得到60%的村民平均年龄为52岁，文化程度为初中及以下水平，并且大多为土生土长的村民。已经习惯于由村委会主导的管理体制，不愿意再接受新一套的管理体制。因此政府直接管理的新模式，在行政人员进行管理时会产生不少问题。而政府主导，村民参与的合作型管理体制充分利用了村民对村委会的熟悉感行政，有效地解决了矛盾。

4.3 管理机构的经验和能力

相较于村民自发管理和合作管理，政府直接管理的模式目前只在江苏、浙江等地执行，且开始时间较晚，因此管理机构的经验不足，管理能力有待提高。而如环保志愿组织、环保合作社等村民自发的管理机制，以及政府主导下，村委会社环保小组的管理模式在全国各地非常普及，开始时间也比较早，管理经验较丰富。

4.4 环境监督成本

由于政府直接管理的模式需在村里设水利站、环保办公室等政府机构，并配置行政人员，这导致政府对环境的治理要投入除基础设施之外的经费，使环境监管成本增加。此外由于重庆地区村落分布较分散，就需要设立很多村级环保政府机构，增加了环保监管成本。而村民自发的管理模式和合作管理模式充分利用了环保自治组织和村委会对各村落的管辖划分，不再需要额外的支出费用。大大减少了环保监控成本。如目前实行的河长制，在村级层面除了由村支书担任村级河长，还雇佣了本村的村民担任河道保洁员，河道保洁员履行日常的环保监督工作。从而加强了对河道的监管，并降低了环保监督成本。

4.5 时间有效性

政府直接管理模式的一大特点就是见效比较快，但由于村民是被动地接受政策，环境有所改善后如果行政人员放松了监督，则环境治理效果会出现反弹，良好环境持续时间较短。

村民自发管理模式虽有效地解决了环境治理效果持续时间短的问题，但由于环境的治理需要所有村民环保意识的提高，并自发地进行环保活动。而环保意识的提高是个缓慢的过程，因此在短时间内无法见到环境治理的效果。

基于合作管理模式的政府主导、村民参与体制则充分满足了重庆涪陵农村地区亟须见到环境治理效果的需求，以及保证持续时间长的要求。虽然在治理开始时，村民的环保意识仍然很低，但在政府行政力量的主导下，村民进行迅速的环境整改工作，环境治理见效快。在进行整改的同时对村民进行合理的环保教育工作，逐渐培养村民的环保意识。以保证在环境治理好后，村民在不需要政府太多干预的情况下，自觉地保持着良好的生态环境，这样也就达到了环境治理效果持续时间长的要求。虽然目前涪陵地区是在正确适合的环境管理制度下进行环境治理，但还存在一些问题。

5 存在的问题

5.1 政府层面

5.1.1 各部门职能重叠

在与区水务局、区环保局、区农委座谈的过程中发现，目前政府各部门存在的一个较严重的问题为职能重叠、责任交叉。特别是在河长制的推行过程中，各部门之间出现了许多问题。水务局与环保局的职能重叠问题就非常突出，例如，在排污口监测的问题上，由于水务局和环保局对排污口的界定不同，对水质监测的标准也不同，导致两部门的处境十分尴尬。

5.1.2 新技术推广范围小，效果不明显

在调研过程中，我们了解到涪陵区推行了许多新技术，在农药方面推行生物防治、物理防治，在化肥方面推广测土配方技术，推广有机肥，还在农户家中修建沼气池，推广秸秆粉碎回田等。这些新技术、新方法具有创新性，需要在实践中进一步验证其可行性，但目前这些新技术大部分只是在个别试点推行，在走访的过程中，我们也发现有些新技术的效果并不明显，没有为村庄带来太大的改变，例如，有机肥只是在林业上施用，农户使用率极低，生物防治也只是在试点推行。测土配方技术在区级层面了解到已完成全区的土样检测并发布了不同地区化肥施用标准，但对村级的访谈中了解到目前很少人遵循，只是凭经验施肥。

这个普遍现象背后的问题有两个，一是资金问题，二是政府

重视程度不够。资金问题是主要问题，农委的一位领导告诉我们，现在对于推行有机肥、新型防治方法，农委有目标、有方案，但是缺乏资金。在与水务局的座谈中，我们得知，在很多项目上，有关部门只考虑直接费用而忽视了间接费用，导致很多项目难以实施。

此外，在村民的访谈中了解到村民大都希望有专门的科学施肥技术的培训讲座，但培训活动却很少。

5.1.3 环保的宣传方式需改进

在与涪陵区政府的座谈中，我们了解到，关于环保的宣传是在进行的，但是村民的接受度普遍不高，对新技术呈漠不关心的表现，且不愿意放弃陈旧观念与原先的生产习惯。既然政府在做环保宣传，为何村民的反响并不好？笔者认为主题没有问题，但是需改进环保宣传方式。宣传的第一要义是确定宣传对象，而后采取具有针对性的方式进行宣传。政府宣传环保的对象是村民，要多为村民自身经济利益考虑，宣传就应不仅停留在环保的概念上，还要结合农村生活实际。

5.1.4 河长制缺乏专门机构与专项资金

在与农委、水务局的座谈中，政府工作人员都提到了河长制存在的一个重大问题，即无专门机构。河长办的所有人员都是从各个部门抽调的人员，这些人员在河长办的工作都属于兼职，无机构编制，其工作具有不稳定性与不可长久性。我们还了解到，通过河长制建立的各种机制不是从法律层面建立的机制，因此行政执法人员无强制权，虽然国家出台相关法律建立了河长制，但后续仍需完善。此外，河长制的资金来源也是一大难题，目前涪陵区实行河长制的资金来源是地方财政，国家不提供专项资金，工作量增大，如果资金没有跟上来，则地方只能根据自身财力实施工程，导致各地河长制的实行情况不平衡。

5.2 农户层面

经过对村委会工作人员的询问和对村民的问卷调查，我们发现，农村水环境保护和水污染治理工作在农户这一层面存在着较大的问题。这些问题主要体现在以下几个方面。

5.2.1 村民环保意识薄弱

实践过程中我们发现，各个村庄和居民点的村民环保意识都较为薄弱。

首先，村民在农业生产活动中往往很少考虑环保因素。以施肥为例，在村民的观念里，有机肥完全等同于畜禽粪便。分析是否使用有机肥及有机肥使用量的调查结果后发现，是否施用有机肥也仅仅由家中养殖畜禽的情况决定。养有猪、鸡、鸭等的农户会直接使用畜禽粪便作为部分肥料，缺少的部分购买肥料补足；没有进行养殖的农户则全部使用购买的普通化肥。在肥料的选择上，村民表示往往会选择村中肥料售卖点的推荐品种，自己不会因为环保等理由特意挑选低污染的有机肥。虽然有如龙桥街道荣桂社区“区农委出资、长江办事处统一订购、免费向居民发放有机肥”的例子，但村民使用该种有机肥仅仅是因为“政府免费发放”而非了解其在环保方面的好处。在询问村中进行测土配方施肥技术培训的次数时，大部分村民表示从未听说过，完全没有了解。杀虫方面也有类似的现象，农药杀虫依旧是农民的首要选择，在总结是否使用绿色防控技术（灭虫灯、粘虫板、以虫治虫）的问卷结果时，68%的回答是不知道或不使用。绿色防控技术对多数农民而言非常陌生。值得一提的是，有村民称，稀疏栽种农作物可以减少农田中害虫的数量，这算是村民有意识进行无公害防虫的例子，但只是非常个别的情况，且效果不明。

此外，在交谈中，有村民提到日常生活里一些对水环境保护有利的行为，但其缘由通常与环保无关。如对自来水的使用，多数村民会非常节约，但其理由是节约水费而非保护水资源本身。同样，不往河道丢垃圾、不焚烧秸秆等也是村民在村委会约束下的选择，并不是村民出于环保考虑的自发行为。龙桥街道齐心村一位村民甚至在回答问卷问题时表达了自己对村委会不允许焚烧秸秆的不解和苦恼，显然没有意识到背后的污染问题。

总体来看，在村委会的约束下，大部分村民少有污染环境的行为，但意识的转变仍需要时间的积淀。

5.2.2 对村民的环保宣传力度较低

虽然村委会会根据政策在村中实行相应的措施，但村民自身对水环境保护相关的政策往往缺乏了解。

最典型的例子是河长制。“河长制”这一名词对大多数村民来说非常陌生。在交流中，村民对这一概念表现出极度茫然，不少村民听到“河长”二字时因为谐音将其误解为“河涨”并且担忧地询问“是否河道会涨水”，足见环保相关政策在村民间的宣传是极少的。在与村委会的交流中我们了解到，河长制在村中往往具体化为某一项工作，如河道清漂、设立保洁员等，但制度本身并不为村民所知。

同时，村民对“环保小组”“基层群众自治组织”等名词较为陌生，在我们走访的 3 个乡镇、街道，9 个村庄中，只有马武镇蒲江村的村民对此表现出了一定的了解。此外，通过问卷分析，对于是否需要科学施肥的方法培训时，80%的村民表示非常需要相关知识的正确指导。可是在走访的 8 个村子中只有两个村庄在一年内进行过 1～2 次的培训，但接受培训的为村里的青壮年，这也是考虑到培训对象的接受能力。但青壮年在农忙季节一般外出打工，只有年纪较大者务农，这就导致培训成果的脱节，效果作用不是很大。

5.2.3 村民对水资源保护活动参与度低

水资源保护活动在农村主要体现在河道清漂。龙桥街道齐心村在 2017 年曾组织村民统一清理河道中的漂浮物，其他村落的河道清理工作则大多是由村委会任命的河道保洁员进行。如江北街道高家村以 800 元/月雇佣村民担任河道专管员，负责定时巡查河道，清理河道中的垃圾、汇报重大污染事件，相应地，非河道专管员的村民对河道环境的关注程度较低，被问到是否参与河道清理保洁、是否阻止他人往河道倾倒垃圾时，很多人回答“有专人负责”“不该自己管”等，表现出不参与、也不想参与的态度。

5.3 企业层面

涪陵区数量最多、名声最大的企业当数榨菜生产加工企业。本文就以榨菜加工为例，阐述涪陵企业在污水处理等与水环境相关的方面存在的问题。

一方面，农户小作坊的废水问题。生产榨菜半成品的小作坊在涪陵农村地区广泛存在，其产生的含盐量极高的废水成为了影响当地水环境的一大问题。虽然按照规定，企业在收购半成品时也应当将废水同时收走，但村民反映，这一点并未得到真正的贯彻落实。此外，我们在龙桥街道齐心村参观一户农户家的小作坊时发现，腌制榨菜的容器为直接在地面挖的方形深坑，虽然坑中有水泥衬砌，但可以明显地看到，腌制过程中有盐水从上边沿溢出，直接影响周围土壤和水体环境。和龙桥街道工作人员座谈时对方告诉我们，当地还曾出现过农户趁下雨天排放榨菜废水致使养鱼户鱼塘中鱼类大规模死亡的事件。

另一方面，当地大型榨菜生产企业通常有自己的污水处理厂对榨菜盐水进行处理，但在参观某知名榨菜集团的污水处理厂时，对方负责人表示，他们的污水处理技术和设备尚存在一定的欠缺，集团正在和某技术团队进行初步接洽，希望可以改善榨菜生产和污水处理中的技术与设备，但进展并不顺利。由此可见，技术不足是制约榨菜废水处理效果的一大因素。

6 解决问题的建议

6.1 政府层面

6.1.1 加强地方行政法规建设，形成地方法律体系

建议制定地方性法律，进一步明确各部门职能。水环境保护与治理工作形势复杂多变，涉及职能部门较为广泛，地方党政主要负责人担任“河长”对下级部门有较大压力等情况决定了水环境治理与保护不是个别部门、个别领导的责任，而是所有部门的工作。在此背景下，水环境保护与治理工作“谁牵头，谁参与，谁监督”至关重要，需要法律规范。重庆市人大、涪陵区人大可以在实地考察、征求各部门建议的前提下对《重庆市河道管理条

例》《重庆市村镇供水条例》等相关法律法规进行整理，修改其中权责模糊、不合实际、相互矛盾的部分。此外，重庆市人大与涪陵区人大可制定本区水环境保护与治理综合管理条例，明确各部门职能范围，综合统筹水环境相关工作，形成一个完整水环境保护与治理法律体系。

6.1.2 加强河长工作小组以及河长办公室内部成员的协调合作

由于水环境工作的复杂性，各部门易出现管理遗漏、职能交叉等现象。如农村小型水厂水质联测工作中，政府只抽查水源水，水源水合格即视水厂水质合格，该检测程序存在安全隐患，村民饮用水安全不能得到保障。由于农村小型水厂资金不足、设备简陋，水厂净水程序往往简单，只有明矾净水一道工序等。缺少了不同部门间的合作。此外，部门职能重叠、部门间沟通不畅容易造成重复建设、浪费资源。加强河长工作小组以及河长办公室扮演“总指挥部”“信息沟通平台”的角色，为各部门提供自由的沟通渠道，做部门纷争的调节员、仲裁者。

6.1.3 明确部门权责，调用有效部门

由于河长制党政主要负责人做河长的特性，各部门积极性大幅提高，但是也存在关联不大的部门承担不属于本部门工作的现象。现在“过分动员”各部门类似于全区人民全部参与河道清漂工作，全员参与水环境治理固然能取得成效，但工作效率不高，容易扰乱正常工作秩序。水环境治理与保护工作“专事专办”，有利于提高工作效率，有序工作。就水环境治理与保护而言，水务局、环保局等部门是直接关系者，可负责主要任务；市政局、林业局等部门是间接关系者，可参与与本部门职责有关的部分工作，不参与与本部

门职能无关的工作；主要负责人统筹协调，查缺补漏。

6.1.4 善于调用有效部门

涪陵区某街道施行“警长制”，强调公安部门的河道治理执法权，收效显著。警长制利用了公安机关在群众心中的威望、与群众打交道的丰富经验、灵活的侦查手段等，成为河道治理的重要力量。水环境治理与保护工作也可以创新机制，放大有效部门作用，以提高治理绩效。

6.1.5 重新定位河长制，完善机构建设

就目前而言，中央对河长制设定多围绕党政主要负责人责任制展开，具体细节由地方根据实际完善。重庆市涪陵区河长制施行工作主要由新成立的河长办负责。在实际操作中，河长制推行工作出现了机构、人员、资金等多个问题。地方需要制定河长制专门规划，明确河长制的定位，将其纳入政府规划。

6.1.6 与村委会密切互动，对村委会加强监督

政府对作为基层群众自治机构的村委会具有沟通、监督的职责，农村新技术、新思想的推广更需要村委会的参与。农委等部门可加强与村委会沟通互动，密切跟进农业新技术等的推广施行，及时调整不合时宜的规划。可建立规律性互访机制，实现村委会工作人员与政府机关有效互动，让政策符合百姓需求，将有效政策推行到基层。

6.2 农户层面

改变村民环保意识建设思路：

6.2.1 授人以渔

村民并非不能了解环保的概念，不加详细说明的农药化肥推荐只算是“授之以鱼”，是一种懒政。因此，建议街道、村委会在进行环保方面的宣传时，通俗易懂且具体形象地介绍环保农药化肥的作用机理。村民在了解了一些环保方面的基础知识后，将能更好地面对现实情况，做出合乎环保原则的行动。

6.2.2 运用媒体力量充分宣传

在向村民宣传环保政策时，建议街道、村委会同时提醒村民破坏环境所带来的可怕后果。这时候应该充分动用媒体的力量。这项工作可通过相关主题的电影放映、小说选段导读等方式进行。同时，大部分村民对新媒体抱有更大的信任，因此村里有条件的可以申请公众号，日常发出精选的有科学依据的推送信息进行环保方面宣传以提高村民环保意识。

6.2.3 政策宣传不应只停留在村委会里

为了给政策宣传打下基础，也避免任意施政现象的发生，建议在向村民宣传政策时向村民提供上级政府甚至中央发布的完整清晰的文件复印件或照片，作为日后实行过程中的解释蓝本以及监督用条例。对个别年老或完全无阅读能力的村民，村干部应负责使用口授方式使其对政策有基本认识。这样既保证了村民对政策的了解，也拉近了与村民的距离，有利于政策的进一步推行。

6.2.4 提高水资源保护活动的参与度

亲身实践是树立环保意识的重要环节，因此建议村委会给予每户村民以参与水资源保护活动的机会，可以考虑不再雇佣专人进行具体的清理工作而是雇佣专人进行清洁卫生监督工作，这样既不会减少可以提供报酬的工作岗位，也减少了村委会工作人员的工作量。而具体的清洁工作可给每家每户划分临近的清洁区域。清洁效果由专人定时验收。以此来使村民的水资源保护活动参与度得到提高。

6.2.5 加强对村干部的培训力度

采访过程中我们发现有村干部对本村工作情况并不了解，甚至自己也不知道现行政策的具体内容和作用机理。为了使政策能够有效实行，建议对村级干部进行集中学习和培训，使其熟悉国家政策并得以贯彻和传播。

6.3 企业层面

6.3.1 政府牵头促成企业与研究单位的接洽

行政策动力往往能更有效地解决问题。由于榨菜企业作为重庆市主要的工业污染源，具有总规模大、原材料产地分布广、产污总量大却分布不集中的特点，所以榨菜废水治理是重庆市环境治理的一大难题。由于企业自身与技术部门接洽效果不好，建议政府可以考虑联合重庆市所有榨菜生产企业，共同引进高端技术，以产业委托方的角色去促成技术的引入。同时企业也应该对研究单位融资，促进研究单位对关于榨菜废水处理技术的研发与改进。

6.3.2 切断通道

建议切断榨菜小作坊盐水池与河道、鱼塘之间的水管通道。

做好水泥盐水池的防渗处理，防止盐水渗入土壤对土壤生物造成损害。强制实行企业在收购农户榨菜的同时回收并治理榨菜废水的政府规定。

参考文献

[1] 宋国君，冯时，王资峰，等. 中国农村水环境管理体制建设[J]. 特别关注，2009（9）：28.

从运动式治理向长效治理转变的“一把手”工程

——“海晏河清”河长制联合调研支队苏州河长制调研报告①

1 选题背景及意义

21世纪是水的世纪，河湖中蕴含着丰富的水资源，可过去数十年经济的粗放式发展已对河流造成了严重的污染，河湖管理保护势在必行。众所周知，这是一项复杂的系统工程，涉及上下游、左右岸、不同行政区域和各个行业等许多方面，需要各涉水部门协调联动，原有制度力度明显不足，建设“美丽中国”的目标正在呼唤更有效的河流管理政策。2016年12月11日，中共中央、国务院印发并实施了《关于全面推行河长制的意见》，要求到2018年年底前全国全面建立河长制。全国各地纷纷掀起确定河长、组建河长办公室、制定综合治河方案的浪潮，但大多数地区缺乏将河长制政策落实的实践经验，开展的情况也不尽如人意。

河长制起源于江苏无锡应对2007年太湖蓝藻水危机的一次制度创新，2008年江苏对包括望虞河在内的15条主要入太湖河

---

① 作者：崔世博（清华大学水利水电工程系2016级本科生）、杨柳（清华大学工业工程系2016级本科生）、李旺奎（清华大学水利水电工程系2016级本科生）。

流实行省、市两级“双河长制”，每条河由省、市两级领导共同担任河长。2012 年，苏州市正式推出河长制工作的第一轮升级版，目前，苏州市河长制市、县、镇三级工作方案全部出台，市、县、镇、村四级河长全部落实，比全国其他地区额外增设了村级河长，在原有六大任务的基础上，额外增设“加强长效管护”和“水文化弘扬”两大任务，工作推进情况远超全国平均水平。目前，国内关于河长制的研究并不多，且大多只停留在理论层面，缺少详细实践案例的支撑，此次调研通过实地考察与访谈，用详细案例支撑，针对苏州河长制的推进过程，“讲好苏州河长制的故事”，以期对全国其他地区建立开展河长制工作提供一定的借鉴。

通过相关工作人员的介绍，我们了解到，第一轮河长制前苏州河道的主要问题有以下几项：非法填河塞浜，筑坝、缩窄河道断面、擅自开发利用河湖岸线和在引排河道上设置渔网渔簖等行为时有发生；骨干河道治理、维护和保洁与镇村河道相比相对薄弱；一些航道的防洪标准偏低、险工隐患影响防汛安全；农业面源污染、工业污染、生活污水这三大主要污染源也未彻底整治；黑臭水体问题未能全面解决，部分河道水质常年为劣Ⅴ类。苏州各级政府对此开展了常规的河湖管理和保护工作，在政策方面：苏州市人大颁布实施了《苏州市河道管理条例》，市政府制定出台了《苏州市蓝线管理办法》《苏州市河道长效管理办法》，编制完善了市、县（市、区）、乡（镇）三级水系规划；在具体工作上，苏州市水利局有计划地组织实施了河道的综合治理，拆坝建桥，沟通水系，开展了城乡一体的河道常年保洁，加强了河道长效管理工作；河道每 3 年疏浚一次，进行清淤，还建设了 30 km 管道引太湖水，19 km 河道引望虞河水，改善水质环境；上述工作在实施第一轮河长制之前就一直在坚持，但效果并不十分好，在这样的情况下，河长制开始真正推行。

对于河长制的理解首先基于我国“政府负责、部门分工、分级管理、上级兜底”的主要体制模式，作为一项中央高位推动的制度，河长制使各级政府、党委主要领导人成为河流的第一责任人，河长作为地方行政主要领导，需要统筹管理的事务繁重，而河长制发挥了向领导们传递了治水重要性信号的作用，河长可以动员和利用整个行政体系的资源，实现党政联动、部门协调、地区协调和层级协调，从而解决复杂的系统性协调问题，最终解决我国复杂的水问题，由河长制真正变为“河长治”。

河长制的实践是河流生态保护的一项宝贵经验，对苏州河长制推行的最新状况与问题进行有逻辑的整合与分析，并尝试提出一定的改善思路，对全国其他地区开展相关实践有重要的意义。同时，在我们能力范围内，整理与宣传这些调研成果也可以在一定范围内增加社会公众对河长制以及社会国情更深入的了解，以期最终对我国河流生态保护工作有所裨益。

2 苏州市河长制整体运行情况

2012 年，河长制在江苏省全面推行，省政府出台了《关于加强全省河道管理“河长制”工作的意见》，苏州市根据随之出台了《市政府办公室关于加强全市河道管理“河长制”工作的实施意见》，“河长制”从以保障水质为主拓展到以河道管理为主，提出了“像管公路一样管河道”的口号。

2017 年 3 月 2 日，江苏省委办公厅、省政府办公厅印发了《关于在全省全面推行河长制的实施意见》的通知，苏州市委办公室、市政府办公室随之印发了《关于全面深化河长制改革的实施方案》

的通知。“河长制”从以河道管理为主拓展到以加强水污染防治和水环境治理、加强水域岸线保护和执法监管、加强水资源保护和生态修复、加强长效管护和水文化弘扬为核心的八大任务。

2.1 组织架构

2.1.1 第一轮河长制

苏州市第一轮河长制确立了市、区两级河长，主要负责骨干河道的管理，建立了市、区两级河长制办公室，由水利（水务）部门牵头负责河道日常管护工作，组织编制重点河道保护规划。图 1 和图 2 体现了苏州市第一轮河长制主要的组织架构。

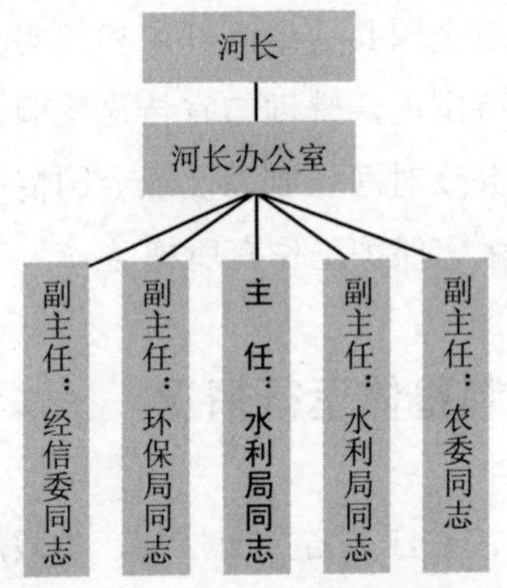

图 1 第一轮河长制同级组织架构

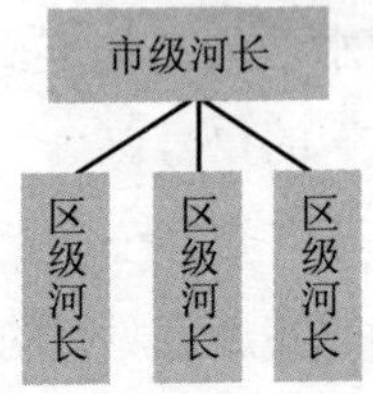

图 2 第一轮河长制上下级组织架构

2.1.2 第二轮河长制

苏州市第二轮河长制是第一轮的强化升级版，不但全面建立了市、区、镇、村四级河长体系，还为每名市级河长安排一名河道主管协助河长工作，全市34条（座）重要河湖落实市、区两级双河长；设置了市、区、镇三级河长制办公室，办公室为常设机构，明确了办公室主任由水利局主要负责人担任，副主任由经信委、水利局、农委、环保局主要负责人担任（部分地区有变动），不但在水利局下面设置了河长制改革处，还成立了全面深化河长制改革工作领导小组，市级领导小组各成员单位落实一名科级联络员，区级领导小组各成员单位落实一名股级联络员。河长制体系下组织机构的变动，体现了苏州市对第二轮河长制工作的高度重视。图3～图5体现了苏州市第二轮河长制的主要组织架构。

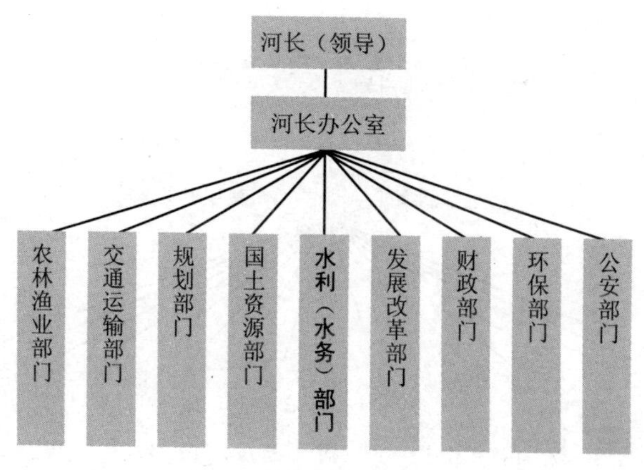

图3 河长制办公室组织架构

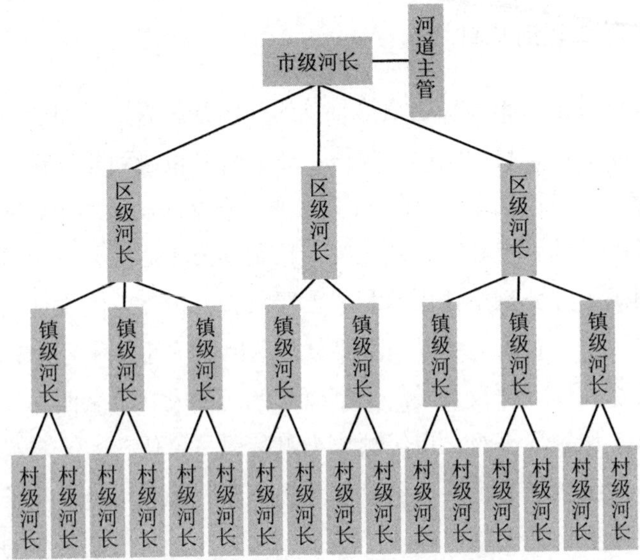

图 4　第二轮河长制上下级组织架构

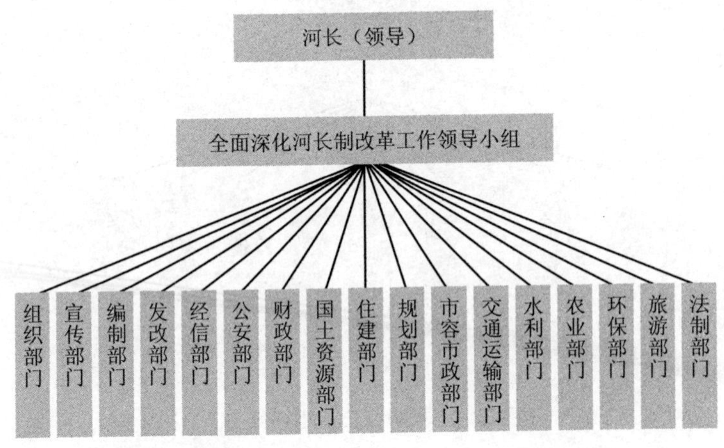

图 5　全面深化河长制改革工作领导小组组织架构

2.2 第一轮河长制工作的主要内容

第一轮河长制是以省骨干河道为重点的河道管理工作，建立河道管护联席会议制，93 条省骨干河道都设置了“河长”。

2.2.1 成立“河长制”管理办公室

河道管理办公室由各级人民政府分管领导牵头、水利部门具体负责、相关部门参加。根据上级指导意见，成立设在各级水行政主管部门下的“河长制”管理办公室以落实在新设立的市、县（市、区）河道管护联席会议中议定的事项，组织对“河长制”工作的年度考核，并建立“河长制”工作信息沟通和情况通报制度。

2.2.2 全面落实省骨干河道“河长”

“河长”主要职责是督促建立河道管护队伍和相关制度，落实相关经费，组织河道疏浚与污染治理工作，检查河道工程维护、水域岸线资源管理等任务的落实情况，并依法查处相关违法行为。在第一轮河长制中，主要落实的是苏州市内 93 条省骨干河道，总水域面积占苏州全市总面积的 42.5%，河长的设置原则是现行属地管理体制，结合防汛工作责任制度，由河道所在市、县（市、区）人民政府领导或水利部门负责同志担任“河长”，即有市、区两级河长。县（市、区）其他重要河道将建立“河长制”管护制度，城区和镇村级河道也可以参照实施“河长制”管护制度。苏州市内 93 条省骨干河道根据河流属性可以分成以下三类，其落实的大致状况见表 1。

表 1 第一轮河长制苏州市内省骨干河道河长落实情况

<table>
<tr><th>河流类型</th><th>涉及河流</th><th>河长的行政职务</th><th>备注</th></tr>
<tr><td rowspan="4">流域性河道（4 条）</td><td>望虞河</td><td>市人民政府市长</td><td rowspan="5">各市、区政府按属地管理的要求做好河道管护工作</td></tr>
<tr><td>江南运河</td><td>市人民政府副市长</td></tr>
<tr><td>长江</td><td>市人民政府副市长</td></tr>
<tr><td>太浦河</td><td>市人民政府副秘书长</td></tr>
<tr><td>区域性骨干河道（16 条）</td><td>锡北运河、常浒河、元和塘、白茆塘、七浦塘、杨林塘等 16 条河流</td><td>市人民政府副市长</td></tr>
<tr><td>重要县（市、区）级河道（73 条）</td><td>东横河、辛安塘、石头塘、汉浦塘等 73 条河道，75 个河段</td><td>所在市、区人民政府分管领导担任“总河长”</td><td>各有关部门按职责分工协同做好河道管护工作</td></tr>
</table>

2.2.3 明确部门职责分工

治河是一项系统工程，需要政府的各个部门协调配合，齐抓共管。苏州市第一轮河长制各部门职责分工见表 2。

表 2 河长制下各部门职责分工

政府部门	职责
水利（水务）部门	牵头负责河道日常管护工作，组织编制重点河道保护规划，负责开展河道疏浚清淤和水利配套设施建设，河道岸线、堤防、水域、取排水行政管理，开展城乡生活污水治理、河道保洁，做好水功能区监测
发展改革部门	负责做好涉及河道的产业布局和项目审批
财政部门	负责落实河道生态清淤和长效管护经费，监督河道管护专项经费使用管理
环保部门	负责入河污染源治理，严格污染排放总量控制，保护河道水质

政府部门	职责
公安部门	负责依法打击破坏河道工程设施和资源、影响社会公共安全的非法行为
国土资源部门	负责在推进村庄土地整理中落实河道保护措施，禁止侵占填埋河湖水域行为
规划部门	会同水利部门制定河道蓝线规划，划定河道安全防护范围，严格控制保护范围内非防洪建设项目
交通运输部门	负责加强对通航河道岸线整治保护和航道设施的维修养护，严格船舶管理和危险品管理，规范船舶在通航水域的行驶、停泊、作业行为，负责协调解决水上运输等水事纠纷
农业（林业、渔业）部门	督促指导其管辖范围内湿地和沿河绿化建设、维护工作，在服从河道防洪、排涝和生态功能的前提下，加强河道养殖、捕鱼管理。各有关部门要按照职责分工，密切配合，形成合力，定期通报河道管理与保护工作情况，及时协调解决矛盾和问题，有效整合各部门河道管理和执法资源，共同加强河道管理与保护

2.2.4 明确考核制度

对第一轮河长制具体考核制度的分析与建议见本文 5.1 节。

2.2.5 开展一系列河道整治工作

第一，开展打基础的河道清淤工作，流程为彻底清淤—保岸防塌（堤坝建设）—管道输泥（保证城市整洁）。苏州在这方面的工作采用了“干河清淤”法，即以一小段河道作为临时储泥池，再转移到大型运输船上，最后运到郊外，泵送到排泥场，可以解决城区没有排泥场的问题，项目总投资 1.1 亿元，最终对 115 条长 132 km 的河道实施“干河清淤”，清淤 252 万 m^3，在“干河清淤”行动期间，苏州全面排查入河排污口，修复了 576 个管网漏点。

第二，开展了提升治污效能的“双增一降”工作。一方面，增加污水收集量：研制一体式雨污分流管收集小街小巷的污水，结合老新村改造收集阳台污水，结合家庭改厕“消灭”了最后 2.1 万个马桶，对城中村实施截留入厂；另一方面，增加进场污水难度，以考核污水浓度倒逼排水公司查漏修复管网，累计修复 708 个问题点；同时降低污水管网液位：在污水管网 60 个主要节点安装液位计，确保其不高于河道水位，以免其再次渗漏入河。通过该项工作最终使污水处理总量增加，进场污水浓度由 255 mg/L 增加到 342 mg/L，管网液位下降 1 m 左右，COD 减排量由 20 299 t/a 增加到 31 532 t/a，据估计，新增减排的效益超过一家设施投资 5 亿元，年运行费用 3 000 万元的污水处理厂。

第三，开展了促进水体流动的自流活水工程，过去这里的河流以 21 个小包围为活水单元，活水范围小；泵站因噪声扰民只能间隙启用，活水时间短；且需要动用近百座泵闸，运行能耗大。对此，苏州充分利用境内长江太湖与阳澄湖的水资源与已建闸站的优势与河网格局，实施“自流活水”方案，建成阊门堰、娄门堰，形成北高南低的水势，中小包围的 95 座泵闸全部停用，动用远离居民区的大龙港、东风新等防洪枢纽，实现全城持续自流活水，每天引 250 万 m^3 水入城，河道活水量增加 3 倍以上。同时，更加有利城区周边排涝与水环境改善，泵闸每年的运行经费还减少了 7 万余元。

第四，开展了改变河道形象的河道保洁工作，对此苏州创造了“定点自动收集器”“遥控巡航保洁船”“水面垃圾机动收集船”三项保洁新技术，其中“遥控巡航保洁船”还实现了全程在线巡视、电子屏宣传和广播宣传，推动河道保洁工作的信息化提高了工作效率，并使河道形象大为改观。

2.3 第二轮河长制工作的主要内容

第二轮河长制起始于 2017 年 4 月 24 日苏州市下发的《关于全面深化河长制改革的实施方案》通知，由于从开始到现在仅 3 个月左右的时间，苏州市各级河长办仍处于解读上级文件、完善工作机制、确定考核方案的阶段。第二轮河长制的一个重要工作特色是制定“一河一策”，即先对每条河流的情况信息进行全面统计，然后根据每条河（段）不同的特点，如上下游位置、主要污染源等进行分析，根据苏州市河长制八大任务制定每条河流的治理策略，制定问题清单、目标清单、责任清单和“一事一办”工作清单，也为因地制宜推行河长制治河工作打下了基础。

苏州市第二轮河长制开展的工作主要有以下五个方面。

（1）组织架构和工作体系基本确立，市、县、镇三级工作方案全部出台

苏州各地成立了领导小组，党政主要领导担任领导小组组长和总河长，10 个市区均召开了动员部署会，相继召开河长办主任会议研究部署工作，河长办日常工作基本能正常运转。与此同时，苏州市、10 个市（区）、100 个镇级工作方案相继出台。

（2）市、县、镇、村四级河长全部落实

在河长的设置上，确立了“分级管理、属地负责”的原则，一方面，根据行政区域划分，确立了各个行政区域的总河长、副总河长、河长，均由各级行政区域的最重要的党政领导担任。总河长是深化河长制改革工作的总负责人，负责组织领导、决策部署、考核监督，协调解决重大事项；副总河长协助总河长工作；河长负责统筹协调水环境治理、水污染防治、水资源保护、水域岸线管理、水生态修复、执法监管 6 个方面工作，对相关部门和

下一级河长履职情况进行督导。另一方面，将不同的河流按照属性分类，流经各个行政区域时对应不同的行政等级的领导担任各级的河长。第二轮河长制开展以来，苏州市共落实 18 名市级河长、185 名县级河长、1 347 名镇级河长、3 569 名村级河长。100%的市级河长和接近 90%的县级河长已完成首次认河、巡河。镇、村级河长认河、巡河工作有序推进落实中。与此同时，也落实了 112 条城镇黑臭水体整治河道的河长。

（3）开展“一河一策”行动计划编制

由省级领导担任河长的长江、太湖、望虞河、太浦河、苏南运河由省河长办组织编制，由于望虞河、太浦河、苏南运河相对独立，请示省河长办后，由市河长办先期组织编制，长江、太湖等省河长办统一编制后苏州市再细化。由苏州市级领导担任河长的河湖“一河一策”初稿已编制完成，正由市河道主管组织征求各地意见；县级领导担任河长的河湖“一河一策”已全部在编制中。

（4）制度规范、信息宣传和信息化工作稳步推进

制定了河长制会议、信息、督查、验收四项制度，正广泛征求意见，制作一张图解读苏州河长制改革宣传折页，设计图标（Logo）和河长制公示牌，推行手机 App，委托制作依法治水微电影河长制部分。信息报送基本落实周周有信息、半月有专报、每月有简报、每季有通报的制度。

（5）全市对城镇黑臭水体整治启动销号管理

目前，苏州市 2017 年度城镇黑臭水体 40 条整治任务已全部开工建设，2018 年任务中有 52 条已开工建设。整治过程中，市黑臭水体整治办严格落实“月检查、季督查、年考核”的督查检查工作制度，严把污染源排查、方案审查、工程质量、整治考核

四道关口，实施技术评估、民意调查、水质检测、工程验收四个环节，对完成整治河道启动销号管理，持续加大公众参与监督力度，做到“治理一条，成功一条，群众满意一条”。

3 区级河长制落实情况

3.1 区级河长制工作推进基本情况

苏州下辖 5 个市辖区，分别是姑苏区、相城区、吴中区、虎丘区、工业园区和吴江区；代管 4 个县级市，分别是张家港市、常熟市、太仓市和昆山市。各市辖区和县级市的工作进度大致相同，但各区特点又略有不同，现将其区级河长制工作推进情况进行总结。

（1）设立区级河长

河长制工作首先要明确党政领导和河流的对应关系，即确定河长。目前苏州各区区级河长已全部设立完成，如吴江区设置区级河长 20 名、姑苏区设置区级河长 20 名。让领导明确自己的河流治理任务，是河长制工作的第一步。

（2）成立配套机构

河长本身是党政领导，且多数缺乏水利等涉水专业知识，无法单独安排治河工作，故需要成立配套机构如河长制深化改革领导小组、河长制办公室等与河长共同完成河长制工作的推进。例如，吴江区成立了以区委书记和区长担任双组长的河长制深化改革领导小组，由经信委、公安局、发改委、水利局等 17 个单位组成，领导小组负责制定治河工作方案；吴江区还设置了河长制办公室，水利局局长兼任办公室主任。“河长办不包办”，而是协调各部门工作的机构。河长与领导小组和河长办公室共同工作，才能完成治河这项系统性、综合性、复杂性的工作。

（3）确定工作目标

在治河之前需要了解各区河流的情况，为河长制工作制定一个科学合理的期望，期望应该对工作目标进行量化。如常熟市 2017 年 5 月出台第二轮河长制工作方案，紧密结合“263 行动计划”，对工作目标进行量化，全部有指标。全市全年用水总量控制在 13.26 亿 m^3，纳污总量达到 82%，工业绝大多数纳入园区，污水接管处理。预期到 2020 年，污水处理市级达到 98%，镇级达到 91%，农村达到 82%，其中望虞河周边，镇区级达到 93%，村级达到 90%。化肥使用减少 5%，农药使用确保零增长。

（4）完善工作机制

在主要工作人员和工作目标确定以后，还需要一套行之有效的工作机制来高效地开展推进治河工作。

以吴江区为例，其河长制工作制度已逐步建立，明确了各级河长的工作，河长办起草了河长制的会议制度、信息汇报制度、工作督查制度、工作考察制度。此外，吴江区还确定了区级河长的河湖水质考察制度，区河长办联合区环保局，制定了区内 94 个河流的监测方案，设置监测点 120 个。

又如常熟市河长办下建立了 5 个工作组：综合协调组、政策制度组、河道治理组、生活污水治理组、考核督查组，各组负责具体工作见表 3。2017 年 7 月底常熟市河长办出台了针对流域性、区域性河道的“一河一策”，目前正在进行第一轮讨论和审稿。县级河道的“一河一策”正在开展，同时河长会议、信息交流、考核等 5 项工作制度也正在建立。

表 3　常熟市河长办各工作组职能

工作组名称	工作组职能
综合协调组	负责组织、协调和宣传
政策制度组	负责“一河一策”建立和资金政策
河道治理组	结合“263 行动计划”制定方案
生活污水治理组	制定污水治理方案
考核督查组	设立监察员对各部门问责、工作不称职的调离、免职甚至追责

（5）制订具体工作计划

工作目标、人员、机制全部确立以后，需要开始制订治理河流的具体工作计划。根据了解，苏州各区河长与河长办工作正按照认河、巡河、治河、护河 4 个步骤有序进行，河长公示牌也正在各区级河道树立。

截至调研报告成稿，吴江区认河和巡河工作全面完成，进入治河阶段，吴江区河长办已开始了“一河一策”基本素材的收集，并召集了各个部门开“一河一策”基本素材说明会。目前市级的“一河一策”基本完成，正在征集镇村级河长的意见。区级河长“一河一策”基本编辑完成。澄湖作为“一河一策”的示范项目，落实了问题、任务、责任清单，“一河一策”行动计划制订 3 年，明确了项目的治理时间、责任单位。

常熟市认河、巡河工作还在有序开展，部分“一河一策”也在制定当中。水环境方面，江苏省考核断面全面达标，优良比例 60%，地表水优良比例 70%，消除了黑臭水体。建立了生态保护补偿机制，会在年底由市政府出台，污染物比规定指标低的奖励，高的处罚。河长办陪同河长认河巡河，有关部门均要参与，河长办要了解水质、断面、污水排放、防洪能力，之后要将河流基本情况简介、水系图呈报给河长。

（6）开展治标措施

由于河流治理工作的复杂性，需要对河流标本兼治，各区从治标方面陆续开展了工作，如拆除沿河违章建筑。常熟市将 2015 年之前的违章建筑作为历史遗留问题不予处理，之后的违章建筑要全部拆除，也就是说严格控制增量、减少存量。又如清理淤泥，畅流活水。如姑苏区完成了区内著名黑臭河道青龙河的清淤工作等，这些措施已成为常规性的工作。

（7）开展治本措施

河流治理多年，水质却越来越差的根本原因是对污染源治理不到位，实行控源截污。第二轮河长制是中央高位推动的工作，因此各区高度重视，纷纷从污染源进行整治。污染源主要分为农业面源污染、工业污染和生活污染。

在农业污染方面，吴江区减少了太湖里面的围网养殖，压缩了养殖面积，很多养殖户改为岸上养殖。同时，上海水产大学帮助当地开展节污化养殖，用示范园区的概念去带动周边的养殖户，控制太湖湖底农业污染，实现小范围内的水循环，减少太湖流域的污水直排。相城区关停了畜产养殖厂家 120 余家，对水产养殖业进行围网整治（其中阳澄湖拆除 800 亩围网，减少一半），近 90%渔民上岸。常熟市提出减少农药使用，奖励使用有机肥的农民。

在工业污染方面，吴江区开展了“退二进三”行动，使沿太湖 1 km 内的工厂逐步搬迁，收回了淘汰落后产能，让他们进入园区集中化产能升级。这样使得沿太湖的稀缺用地逐步由第二产业进入第三产业，加之政府引导周围人口进入第三产业，慢慢调整产业结构，改善了太湖周边环境，改善了业态。除此之外，政府通过盘活土地在财政上还能有盈余。

相城区关停了很多家污染企业。截至 2017 年 8 月下旬已关停 6 家，让高污染企业转型或迁移，甚至关停，还对重点关注企业实行污水自动检测，如不合格自动关闭电子阀。

在生活污水方面，相城区的农村生活污水全部接管，与市政管网连接，分散独立的设备几乎已经全部拆除，绝大多数治理与城市污水相同，农村生活污水治理基本全覆盖。同时加强区域河流同步治理，以及避免污水处理不达标排放造成二次污染，相城区还对污水管网进行了全方位检查。姑苏区部署了对餐饮业、洗车业等行业的具体到各个街道的工作并进行整治，委托第三方绘制区域河道图。常熟市加大了污水治理力度。污染处理由常熟市水投公司牵头，资金全部先由公司垫付。整治黑臭河道的经费由市财政出，但是现在发现的黑臭河道数目比原来上报的多，所以当地政府资金压力变大。

（8）引导社会参与

提高公众环保意识，全民监督，促进社会共同保护河流是实现长效治理的根本措施。

常熟市河长办设综合协调组负责河长制的宣传工作，目前河长制工作在一定程度上依托于“263 行动计划”，“263 行动计划”的宣传力度也大于河长制的宣传力度，民众普遍知道“263 行动计划”，而知道河长制的相对较少。

依托于“263”平台的举报。民众发现环境问题会通过“263”平台进行举报，“263”举报平台会把收到的举报信息进行归类筛选后反馈到相关的部门进行处理，其中与水体污染和河湖治理等相关的有价值的问题会反馈给市河长办，市河长办进行处理。

另外，新市民积分制下诞生的“志愿河长”也可以进行有效的监督。常熟市实行了“新市民积分制”，新市民可以通过参与志愿活动等形式获得新市民积分，只有新市民的积分达到规定的额度他们才能享有子女在当地入学以及医疗等福利。笔者在常熟市调研时就曾在街道路口见到过协管交通的志愿者。负责河道监督的志愿者归属于环境保护志愿者队伍，这些志愿者一般都是年轻的群体，且居住在河道附近，他们的主要工作是不定期进行河道巡视，发现问题反馈给环保或者水利部门，同时也会进行简单的漂浮垃圾的打捞工作。这些志愿河长不与河长办挂钩，只是他们做的工作与河长相似且确实能起到河道监督的作用，所以笔者称之为“志愿河长”。

民间河长的监督作用也必不可少。民间河长应该是更能代表河长办的一个群体，与志愿河长不同，他们会进行定期巡河，定期反馈，拥有河长办下发的聘书和工作服，对每次的巡河工作有记录，相较于志愿河长更加正规。常熟市河长办正在推进民间河长群体的建设工作，欲与市团委合作进行民间河长的招募，目前正式的民间河长群体还没有建设起来，活跃在河道监督岗位的民众还是志愿河长。

3.2 区级工作存在的问题和建议

（1）推行河长制工作，要因地制宜，控源截污不是“一刀切”

调研中我们发现，苏州部分区存在规定不符合当地实际情况的问题。例如，太湖蓝藻爆发之后，江苏省人大提出了《太湖流域管理条例》。按照《太湖流域管理条例》，吴江纺织产业等高污水排放产业不能改造升级、搬迁换地，只能关停或者保持现状，甚至不能靠引进先进的处理污水技术，减少污水排放，说明了“一刀切”的法治规定的不合理性。而且，对于吴江区，纺织业是他们的支柱产业，共有 3 000 多家喷织企业、70 多家印染企业，将它们全部关停不现实。

又如苏南地区土地紧张，做不到两岸 1∶3、1∶4（河道面积∶边坡）的护岸，还有一些地方河道是硬质护岸，甚至河底都用水泥硬化，不利于生态保护。

我们对相城区和姑苏区的情况进行简要总结，见表 4。

表 4　相城区与姑苏区综合比较

	姑苏区	相城区
功能	居民区	综合区
财政	与市政府捆绑	财政自由
承担职能部门	水利处（无水利局）；部分交由苏州市水利局处理	水利局
主要污染源	餐饮业、洗车业、生活污水、垃圾，无工业污染源	工业污水、生活污水

即使在同一个市内，各个区在自然环境、经济发展、产业结构等方面的基本情况都很不一样。因此，市级政府部门在制定方案的时候应该充分考虑各区的不同情况，因地制宜制定政策。而且，在治河的过程中，也不应期望过高，速度过快，应该让经济发展和河流治理有一个平稳的过渡期，不能“一刀切”。如果地方政府的权力有限，应该积极向上级河长与河长办反映当地实际情况，使规定真正因地制宜，从而使河流得到更好的治理。

（2）推行河长制工作，要健全法制法规

在我们调研的过程中发现，目前很多法律法规赋予政府的执法权很有限，使执法力度大打折扣、执法成本变得非常高，存在发现问题、整治不了的怪现象。河长可以发现问题、协调问题，但是最终问题的解决要靠依法行政，严格标准之后逐步推进。

目前在整治污染方面很多规定的标准是模糊的，而且执法成本太高。因此建议执法部门向立法部门反映在实际开展工作过程中的问题，立法部门认真考虑，制定合理的法制法规，为河长制工作的开展提供法律保障。

（3）推行河长制工作，要完善组织工作机制

治理河流是一项复杂的工作，需要工作人员投入大量的精力，但是在调研中我们发现，一些地区河长办的人员是从其他部门抽调过来的兼职人员，工作压力大。

因此，建议各级河长办设置专职人员办公，提高工作效率和治河效果。

（4）推行河长制工作，要完善各地区方案

在调研某区的过程中，我们发现当地河长办没有对河流治理提出更高的要求，例如，把化工企业治理和“263 行动计划”中与治水相关的内容都写入了河长制工作方案。

因此建议有必要梳理原先的政策，整理出没有覆盖到的方面再制定新的方案，使河长制工作真正成为一项系统的、全面的河湖治理工作。

（5）推行河长制工作，要完善财政制度

现在河长制工作和获得的资金投入还有一定矛盾。整治黑臭河道的经费由市财政出，但是现在有些区发现的黑臭河道数目比原来上报的多，疏浚和护岸的钱不明确，在河长制没有相关要求的情况下，地方政府资金压力比较大。

因此，要全面深化河长制工作，需要加大社会资金的投入，

减少地方财政的负担，“有钱，河流才能治理得好”。

（6）推行河长制工作，要加强民众宣传

从调研的情况来看，河长制的宣传工作还需进一步加强，目前对河长制工作知情的民众比例偏小。加强民众特别是外来人口的爱河护河意识，形成社会监督、全民护河的氛围，是河长制变成“河长治”的根本措施。对社会参与的分析与建议详见本文5.3节。

4 镇级河长制落实情况

4.1 基本情况

笔者所在支队调研了4个镇，分别为苏州市吴江区的松陵镇和七都镇以及常熟市的虞山镇和尚湖镇。从调研结果来看，4个镇的河长制工作推行情况相似，但也有针对各镇不同情况的不同执行重点。

（1）组织架构建立

从2017年开始，镇级河长制的推行主要为宏观层面上河长制组织结构的建立和工作方案的制定。目前已确定了镇村两级河长，并积极搜集材料进行“一河一策”制定的准备工作。由于河道细密，为了加强管理协调能力，松陵镇政府提出了“片长”的概念，将整个太湖新城划为8个片区，确立相应“片长”（非政府编制），进行统一管理。而虞山镇由于是由原来的7个镇合并而来，故其下设有7个管理区，管理区主任担任管理区的河长。在“一河一策”的基础上，虞山镇于7月24日开始布置，明确流域性河道归省里管，区域性河道归苏州市管，县级河道归县河长办管。7 月 31 日招标公司去编制，目前已有 4 个河道试点建立了“一河一策”的草案待上级修订。同时镇村级河长的巡河工作也在持续开展，松陵镇和七都镇的镇级河长保持每月两次巡河，村级河长保持每周一次巡河。表 5 为松陵镇和七都镇河道的基本情况。

表 5　松陵镇和七都镇河道基本情况

镇名	镇级河道	村级河道	黑臭河道
松陵镇	17	434	5
七都镇	24	140	19

（2）控源截污

在河流治理中最重要的工作就是控源截污，各镇也都采取了相应的措施。一是对黑臭河道进行排查和治理，采取疏浚河道等工程措施，通常与“263 行动计划”相结合；二是畅流活水工程，一般是镇级工作；三是污水处理，各镇都制订了污水处理的计划，采取污水接管等措施，例如，尚湖镇就制订了污水处理的三年计划，预计到 2020 年工业污水处理率超过 90%，2017 年计划做 50 家企业的工业污水处理。尚湖镇还提出了产业结构调整的政策，以新兴产业淘汰污染企业，最近三年关掉 39 家企业，其中 2017 年关停 14 家。同时尚湖镇是农业大镇，有 5.7 万亩耕地，以种植水稻、小麦为主，农业产业结构很难调整，正在尝试种植瓜果、蔬菜以及发展渔业、养殖业，但仍不能改变农业面源污染的现状。

（3）民众参与

河长制这项工作需要做好宣传，发动民众参与。在这方面各镇都采取了一定的措施，例如，虞山镇采取社会管理的模式，发动党员干部和志愿者进行监督举报，大力推行新市民积分制，充分利用社会资源，通过电视宣传片、广告牌以及广播大力宣传河长制，加强民众的爱河护河意识。

4.2 存在的问题与提出的建议

在调研的过程当中我们也发现河长制推行到镇村一级时出现了一些问题。

（1）河长没有执法权

有河长反映，当他发现违规工厂排放污水，要求进厂检查时，由于土地使用权已经转让，工厂不让河长进厂，河长又没有执法权，只能向上级反映，造成时间上的拖延。

（2）生活污水比较难治理

基层老百姓存在环境保护意识不强的问题，而且外来人口对于当地河流基本没有感情，乱排乱放问题较多，而这部分污染源流动性强，治理难度大。如虞山镇的污染源主要就是生活污水而非工业污水问题。农村生活污水私接乱排现象严重，最大的问题是雨污不分，民众不在意雨水管与污水管的区分，可能将污水排放到雨水管，进而排放到河道中，另外，许多居民的洗衣机都放置在阳台，污水也会随雨水管排放。对上述问题，政府希望在三年内能达到 90%以上的处理率，同时对大量小区进行雨污分流改造，这将会面临不小的工程量，改造的资金筹集也有困难。

（3）上级工程对下级的影响

部分流域性的河道治理工程有时会对镇村级河流有所影响，例如，尚湖镇就反映望虞河国家工程（东控工程和西控工程）的闸门常年关闭，尚湖镇的水进不了望虞河导致支流的水质受到影响，影响两岸老百姓的生活，为了保望虞河的水质，最后却影响了尚湖镇支流的水质。类似还有，太湖开闸是由太湖水污染防治办公室统一协调，当协调出现问题长时间不开闸时也会导致周边河流不流动，从而造成水质下降。

（4）河长办设置问题

河长制办公室是临时的，河长办的工作人员也是从各部门抽调过来的，这会让河长制工作大打折扣。“河”是环境，“长”是领导，“制”是制度和政策，河长制是一项长期的工作，从各部门抽调人员来“凑”成河长办会出问题，而且河长办只负责协调，不负责具体的治理工作，不利于工作的及时开展。省应该更加重视河长制工作，加强河长办的编制建设。

（5）资金问题

对于河网密布的地区，治理河流需要不小的资金，从调研的结果来看，镇治理河流的资金短缺限制了治理的广度和深度。尚湖镇推行“两路一河”，进行河道管护，湖泊里不能养鱼、不能围网、不能撒饵料，原来农耕牧渔模式改变，渔民上岸需要资金补偿，所以财政压力较大。而政府负债总额有限制，资金不足成为阻碍河长制工作推进的一大原因。对此，应该出台相应的资金配套政策，解决基层工作中的实际问题。资金问题不解决，基层就无法开展更多的整治工作。

（6）媒体报道应实事求是，寻求真相

媒体对存在的实际问题报道应分类：有一些报道出来的问题是技术性、流域性问题，需长期治理解决——如蓝藻从太湖进入到望虞河，报道出来是尚湖镇的问题，这时媒体的报道反而会造成部门整治时寻求“短平快”解决报道的问题，对于河流的长效治理并无帮助，反而会造成资源的浪费，所以，媒体报道之前应该对这些问题有所分析，不能随便“扣帽子”。

5 对河长制重点问题的分析与建议

5.1 河长制考核情况的分析和建议

江苏省河长办第二轮河长制的考核方案尚未公布，由于方案制定的逐级性，苏州市考核方案也未完全制定及公布。本支队仅针对第一轮河长制考核过程中存在的问题，现对第一轮河长制的考核方案从三个方面提出如下建议：

（1）关于谁来考核

在现行国情下，仍应主要采取自查与自上而下检查相结合的方式，但应适当引入体制外的问责力量，向多元化方向发展。首先明确的主要考核对象是河长与河长办，考核必然是自上而下的考核，通过与姑苏区、相城区河长办相关工作人员座谈，我们得到了一致结论，同级考核，即同级河长办考察同级河长是不现实的。但河长办本身又需要监督同级河长对河长制工作的落实情况，反馈给上级河长办，故这个考核在现实层面本身即是矛盾的。因此，在我国目前的政府工作体制下，较有效的仍是由上级河长考察下级河长，上级河长办考察河长办。但与此同时，我们不可否认这种单一主体考核方式的弊端，一方面，根据常识我们知道考核由谁来进行，被考核者就会对谁负责，故只有单一上级的考核，会造成下级做工作唯“上”而不唯“事”；另一方面，由于上下级之间关系有着非常密切的联系，“一荣俱荣，一损俱损”，故对于下级考核的结果实际上也在一定程度上反映了上级部门开展工作的状况，故更容易造成考核态度的失真[①]，为了改善这种状况，最有效的是引入被赋予上级政府权力但与政府独立，甚至跨地域，具有专业知识的只对法律负责的第三方评估机构，同时逐渐打破政府的封闭意识，权威人格意识，提升服务意识。政府部门应认清考核不是挑战政府权威而是更好地行使政府提供公共服务的功能，公民应提升法律、理性、政治参与意识，并引入各个利益相关方公民的意见成为一定比例的参考标准。最后应大力推动信息化平台建设，实现考核信息的透明化与对称化与水质监测信息的实时化上达，以此作为后期河长制强力推行的有效保障。

（2）关于考核什么

第一，考核内容应该增加科学性和可行性，以过程和投入为导向逐渐向以结果为导向转换，适当提高结果导向的比例，但转换过程不能操之过急。第一轮河长制中投入与过程导向的评定标准占近 90%，主观因素较大，也不利于民众的监督。而据了解，最终各处河长和河长办考核结果也大多在优秀级别上下，笔者对其信度存疑。对此建议考核结果按照等级制分层，且每层考核分数比例要维持在一个合理稳定的数值，不能“你好，我好，大家好”。故在建立完善工作机制的同时，应逐渐转向以考核水质即治水效果为主要标准的考核模式，全面完善重要河段分界处的监测系统，使考核有标准，目标更明确，实现科学的水质监测。可同时也要注意，如苏州市水利局陈局长所说：“治河是一项长期治理的系统工程，当前河长制最重要的工作是建立起一个长效运行的合理的工作机制。”故考核既不可指望在短期内迅速实现这种导向转变，又不可最终只以结果为导向，否则不仅会助长信息不实以

① 余波.中国政府绩效评估的难点、不足及优化策略[D].山西：山西大学，2008.

及“短平快”解决问题带来的资源浪费等诸多弊端，还会带来追求“政绩工程”的问题，也不利于河长制工作的最终开展。

第二，要根据“一河一策”差异化制定差异化的考核标准，不可“一刀切”。如上分析，对河流的治理效果的考核用“一刀切”的方法是违背自然规律的，对此在 2016 年 12 月，中共中央、国务院印发了《关于全面推行河长制的意见》，提出了“根据不同河湖存在的主要问题，实行差异化绩效评价考核”的指导思想，而通过和各位政府工作人员的讨论与分析，若考核可与江苏正稳步推进的“一河一策”“一河一档”工作有效结合，并有效借助河流的问题清单，无疑是一种行之有效的方案。

第三，要逐步推进河长制的法治进程。在和苏州下属县（区）的河长交流中，我们发现，越到基层，治理起来的具体工作越多且难度也越大，尤其是法律法规在执法端的力度与可操作性的问题难以解决。以某位村级河长的实际经历为例，在发现污染源之后，他找到了相关企业希望能进行交涉，却连企业的门都难以进入。“上面千根线，下面一根针”，建立一套有效的法律体系保障河长制的推行，并在执法端真正保障工作人员的工作开展已成为广大基层工作者的心声；另外，也应建立相关法律有效保障参与公众的主体资格与权利，根据 1993 年诺贝尔经济学奖获得者道格拉斯·诺斯提出的制度变迁的路径依赖理论，“一旦人们做了某种选择，就好比走上了一条不归之路，惯性的力量会使这一选择不断自我强化，并让你轻易走不出去”，继续保持从前的发展模式而不做出相应的法治努力去改变旧思想，从长远看，对于环保事业的有效推动以及社会文明的进步发展均无益处。

（3）关于如何处理考核的结果：

组织部门要做好对考核结果的运用，体现考核结果的指导与激励作用。首先应该明确考核的结果不仅是为了证明做得好或者不好，也不是为了奖励或者惩罚某个人，更关键的是如何指导下一步的行动，如何更好激励工作人员最终完成工作目标，如国家行政学院教授、国家行政学院政府绩效评估中心副秘书长刘旭涛先生所说的那样，推动“从绩效考核到绩效评估，再从绩效评估到绩效管理”的进程。除了最基本的“奖优罚懒”，以排名定优劣，在现实实践中，通过交流我们得知，由于各地的河长制工作都处于起步阶段，又是一项较为复杂的系统工程，故现阶段考核的结果更能证实个人能力，从而在干部任用时成为一项重要的隐性考虑因素，确实形成了一定激励。所以在一定程度上制定好明确的标准与干部任用挂钩也是一种行之有效的方式，不能重奖轻罚，要在发展的不同阶段采用对应的奖惩力度。与此同时需要将考核结果向社会公开，切实落实《政府信息公开条例》和《关于深化政务公开加强政务服务的意见》，同时绩效结果应用上，我们也可以借鉴西方先进的经验，将其与预算拨款相联系，并最终反作用于组织绩效的提高与工作计划的优化，以真正致力于考核结果的指导性与激励性。

5.2 苏州河长制的水质分析与建议

（1）苏州流域水质性水短缺现状

水城苏州河湖众多，水资源总量大，但苏州市的水质状况不容乐观，水资源安全面临严重挑战。水质性水短缺具体体现在两方面。

①2015 年苏州水资源公报结果显示，在 332 个监测断面中，苏州市水质Ⅲ类及以上的监测断面比例仅为 41.2%，多数监测断面水质仍为Ⅳ类、Ⅴ类甚至劣Ⅴ类。通过实践支队现场勘查望虞

河、山塘河以及部分城中河和村级河道，支队成员用视觉、嗅觉等感觉，一致认为苏州市大部分水质较差，水环境情况不容乐观。

②在本支队实践之前，一支与我们进行合作的上海交大水质专业测量支队对苏州的水质进行了测量，并利用专业的水质分析理论，基于灰色水足迹的计算，得到了表 6 和图 6。

表 6　2010—2015 年苏州市灰色水足迹

年份	灰色水足迹/10^8 m^3	水资源总量/10^8 m^3	比值
2015	141.01	67.46	2.09
2014	142.32	47.06	3.02
2013	147.20	—	—
2012	153.07	—	—
2011	158.55	—	—
2010	165.77	—	—

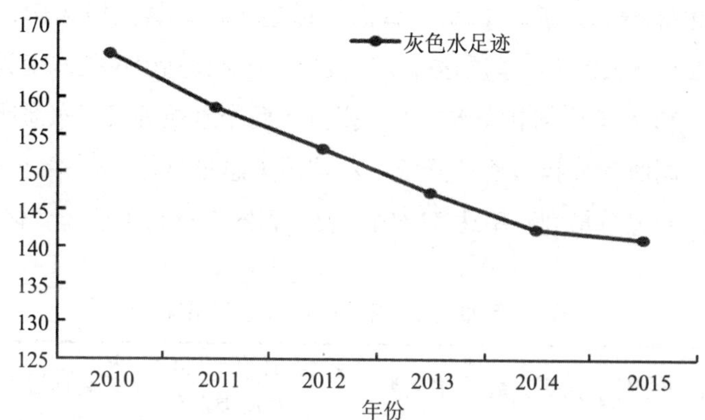

图 6　2010—2015 年苏州市灰色水足迹变化折线图（单位：10^8 m^3）

上海交大支队经过分析得到，苏州市灰色水足迹远远超过了水资源总量，具体体现为需要当年 209%的水资源量去稀释污染才能将其水质保持III类标准。

由此可见，虽然苏州水资源总量很丰富，但由于工业、农业、渔业和生活污染非常严重，想要达到“全石以为底”的程度，治理之路还很漫长，需要当地政府充分认识到治河的长期性，短期的运动式治理是不现实的，必须制定长期规划，建立河流的长效管护机制。

（2）苏州河长制以来水质改善情况

虽然苏州的水污染问题较严重，但通过“河长制”落实责任、强化监督，加强污染排查和源头监督，河流水质有了一定程度的提升。例如，苏州市阳澄湖的生态优化行动，通过关闭高污水排放企业、限制渔船入湖污染湖水等措施，截至 2016 年 12 月，在对 46 个断面的 11 个污染指标进行的 12 批次监测中，全年达标率为 60.9%，与 2015 年比较，上升了 2.2 个百分点，与 2013 年比较，达标率上升了 6.1 个百分点。以望虞河相城区段为例，望虞河 2012—2016 年水质达标情况变好，水质类别由IV类水变为III类水，2016 年达到II类水标准，提升了两个水质等级，水质明显改善；同时污染指数逐年降低，水体污染总量总体好转并呈下降趋势，河道总量削减率达 33.6%。表 7 和图 7 反映了这一变化。

表 7　望虞河 2012—2016 年水质情况

河流	年份	污染指数	水质类别	2016 年与 2015 年水质类别对比	超标污染物
望虞河	2012	5.00	IV类	好转 1 个类别	化学需氧量
	2013	4.50	III类		—
	2014	4.38	III类		—
	2015	4.30	III类		—
	2016	3.32	II类		—

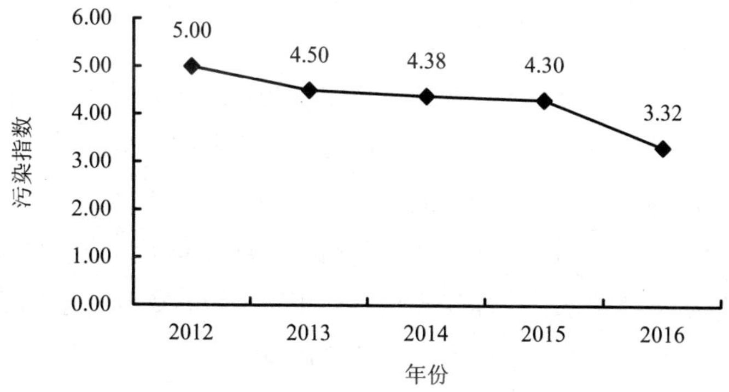

图 7　望虞河 2012—2016 年污染指数折线图

（3）新加坡城市水治理经验

新加坡是一个城市型小国，人口（含流动人口）504 万人，国土面积 710 km^2（含填海），是一个高度缺水的国家，常年向马来西亚买水，但其城市的水资源保护与利用水平处于世界前列。其治水遵循不回避强硬手段的原则，通过多种措施，建立了所谓的国家四大水喉。①

第一水喉——城市河道与雨水沟渠。新加坡通过雨污分流改造，将城市雨水沟渠与城市河道连通，在河口建成拦海大坝，从而建成淡水源。

第二水喉——向马来西亚购入原水，令人惊叹的是新加坡将购自马来西亚的原水经处理后一部分高价返售给马来西亚。

第三水喉——新生水。所谓新生水，即是将污水处理厂处理后的尾水通过微滤、反渗透与紫外线消毒后水质达到世界卫生组

① Foo Chiou Looi. Assessment of Future Water Resources Sustainability Based on 4 National Taps of Singapore.

织标准的饮用水。

第四水喉——海水淡化。

除此之外，新加坡还设定了法定机构负责水务事业一体化管理。法定机构是新加坡不同于政府部门、企业的机构，财务上独立核算，具有一定的管理职能。

除了承担新加坡供水、排污与雨水管理等职责，公共事业局一直推动节约用水，上至国家元首，下至平民百姓都有强烈的危机意识，整个社会一起致力于保护水资源。

（4）问题和建议

根据调研结果，苏州的水资源开发利用主要存在下面两方面问题：

1）水资源危机

苏州人口密集，人均可利用水量较少，且按照灰色水足迹算法计算，苏州处理当年污水需要的水量远远超出其总水量（年降雨量+年径流量），造成的水污染不能在短时间内彻底消除，苏州面临一定程度的水资源危机。

2）水质污染严重

苏州地区经济发达，部分地区的经济发展水平可以达到中等发达国家水平，人口密集，工业污染、生活污染、渔业污染、农业面源污染严重，水质大多为Ⅲ类、Ⅳ类、Ⅴ类水质，甚至劣Ⅴ类。而且污水处理率较低，我们在调研过程中得知部分污水处理厂只在检查的时候打开处理设备，不检查时偷排漏排，获取不当收益。

因此，笔者建议苏州向新加坡学习，提高水资源开发利用率。具体措施有：

①引进实时监测系统，实时监测水质情况

实时、准确的监测设备系统是控源截污的前提，也是河长制问责科学性的前提。只有实现实时监测，才能查出污水从什么地方排放，进而开展相应的整治工作；只有实现实时监测，才能明确各河段责任，真正实现哪段出现问题问责哪段河长。对于实时监测系统的设置，有以下两点建议，一是实时监测系统的选点应该覆盖各河段分界处，以明确进出河段的水质情况；二是实现水质监测的空间与时间的连续性，以保证水质监测的科学性与准确性。

②合理改造污水收集管道，引进专业污水处理设备

收集污水是处理污水的前提，因此苏州应进行污水收集管道改造，实现雨污分流，并在合理地点建立污水处理厂除此之外，苏州应该引进西方或自主研发先进污水处理设备，提高污水净化率，科学技术是第一生产力。

③建设生态综合治理工程，利用自然生物降污

污水处理厂本身降污成本高，副作用大。利用植物本身对氮、磷等元素和其他污染物质的吸收，建立具有降污防洪等作用的生态综合治理工程，并结合旅游业的开展，建立生态公园等，实现经济发展与环境治理和谐统一。

④提高公民水危机意识，养成节水习惯

我国的公民水危机意识普遍不足，大部分人没有养成节水习惯，因此建议加大对苏州市当地水资源现状与各种节水措施的宣传力度，帮助百姓树立水危机观念，培养节水习惯。

5.3 社会参与绩效分析

（1）苏州社会参与现状与相关措施概述

根据元治理理论，一个良好的文明社会应是政府、市场、公民社会三者协同治理与作用的结果。河流污染，作为一项长期性

复杂性的系统工程，整个社会中的每一个人都可能是河流污染的见证者、参与者，但也可以是河流的监督者、保护者与受益者。目前推行的河长制，仍是依靠党政一把手的行政力量凝聚各方，是行政权力体系内部的监督与提高，故具有较强的行政依赖性而不足以构成一个真正完整的治理系统。我们不可否认，这种方式在现阶段尤其是遇到重大环境问题时可以迅速发挥较大的作用，此外，却缺乏充分而长效的保障[①]。以在吴江区同芯村的实地考察为例，虽然当地环保部门的排查力度很大，但由于人力、物力与时间的限制，仍有诸多企业在部门难以监控的晚上进行偷排，而村内河流中众多排污口难以溯源，仅仅依靠行政部门的工作确实难以清查与长效监督，故如何广泛发动生活在河流周边群众的参与，以此实现真正的实时监控也成为推行河长制走向长效管护的一项重要工作目标。

在这个方面，我们可以把苏州市的主要工作概括为以下几个方面：一是利用信息化手段搭建群众监督反馈平台，比如吴江区的“12345”热线与“东太湖论坛”；二是通过一些激励措施鼓励“民间河长”等公众力量的加入；三是弘扬水文化，通过水环境治理的良好效果自然激发人的环保意识。若根据河长制主要相关的社会群众特性，我们可以将所有群众分为市民、城乡居民、外来居民、企业四种。那么，针对这四种群体不同的社会属性，也采取了不同的方法进行激励与动员。

（2）搭建群众监督反馈平台的绩效分析及建议

关于群众监督反馈平台，除了河长公示牌中提供的河长联系方式，又有如苏州吴江区的“12345”电话热线、“东太湖论坛”

① 肖显静.“河长制”：一个有效而非长效的制度设置[J]. 环境教育，2009（5）：24-25.

“苏州263在行动”水污染问题报道一体化微信公众平台的建立。据了解，“12345”电话热线平均每两天能接到1～2起与水污染相关的民众投诉，主要集中于水葫芦暴发污染以及工业园区的污染问题，而以“苏州263在行动”为例，从2017年7月8日至8月23日整理成完整视频的报道案例累计已达20余起，由此可知问题揭示得相对比较及时。但通过群众调查也可以发现，平台对群众反映的部分有效问题的处理机制并不够完善，存在反映的问题被“短平快”解决或者推诿至没有足够处理能力的部门的情况，并由此导致了公众参与的热情度下降的问题。

我们知道，如果公众的持续参与是需要良性反馈的，在群众参与处于弱势地位的现状下，更应将民众的意见以及政府对于民众意见的处理结果纳入政府的考核体系之中，逐步改善民众远离政治拒绝参与的意识；而同时，我们了解到，苏州已经在开展河湖信息化管理资源质检入库工作，并希望将已有河道、湖泊现状、河湖划线，划界确权等基础数据体现在一套数据库，那么，如果可以把群众监督环节也引入这个水利水务大信息平台中，构建一套透明、对称、系统的信息系统，对河长制工作开展有效反馈信息调动公众参与方面都大有裨益。

（3）推动志愿者河长与民间河长工作的绩效分析及建议

关于推动“民间河长”工作，苏州市在此方面正在积极做出一些尝试，希望发动那些对河水有深挚感情且有较多空闲时间的周边热心市民成立相关“义务巡查队”或者担任“民间河长”，并通过这部分热心民众来发动其他民众，从而达到比政府自上而下宣传更好的效果。如苏州市姑苏古城区山塘河民间河长李先生自愿护河的事迹就在周边广为流传，影响了更多人的自愿加入；常熟区虞山镇的志愿河长阿姨也通过自己的努力，把自己爱护河流的心情传递到了周围的亲朋好友之中。另外，发动高污染企业的老板来担任“民间河长”，从提升自我监督意识入手推广至周围群众，目前民间河长工作还未正式全面开展，也没有一套明确的保障体系，只是在部分地区以志愿者的形式进行，需要志愿者自己报名，由社区工作人员初步筛选，政府确定名单，没有工资，也并不具有正式的工作岗位，处于起步阶段，故此项工作的成效仍不可知。

而在我们的实地了解中，非常有启迪的是之前提及的苏州常熟为了管理流动人口提出的“新市民积分机制”，参加志愿活动能获得积分，凭借积分可以在医疗、子女入学、落户等方面享受一定的便利，具体情况在本文 3.1 节已经介绍过。那么如果可以把担任民间河长任务的绩效也加入市民志愿体系中，若排除刚起步阶段的各种操作问题，以此来鼓励民间河长的积极性也会是一种非常有效的做法。

（4）水文化建设与水环境治理效果正反馈作用的绩效分析及建议

最后一个方面是利用治河效果的正反馈作用带动群众参与，这是一项长期、缓慢却最有效的方法，为了推动该项工作，江苏省在中央六大任务的基础上，又提出了水文化建设的目标，打响“东方水城”品牌，绘就“水文化”传承图。建成了备受市民欢迎的环古城河健身步道，并以大运河成功申遗为契机，拓展平江河、山塘河等遗产项目，实施古桥、古井保护，开展背街水巷改造。启动实施苏州名城水文化馆、苏州水文化公园建设，建成太湖水利展示馆等多个水文化科普教育场馆，累计建成 6 个国家级、3 个省级水利风景区，18 个镇（街道）、155 个村获评省级“水美乡村”，通过让群众可观可感的水文化建设成果带动群众对水治理项目的认可度。

就如村民戴雪荣所说：“听说要到我们村里来搞污水改造，当时认为污水改造会对我们老百姓浇水施肥有妨碍，后来用了以后感觉还可以。通过污水改造，环境变好了，老百姓也觉得很满意。”水文化建设的提出，是推动河长制长效发展的有力推手。

可以说，此轮“河长制”的推行力度是空前的，虽然根据我们的问卷显示，由于社会宣传尚未全面开展，目前群众对于“河长制”的了解程度并不高，具体数据见图 8。但我们仍相信在开展“河长制”这一系统工程的前提下，以对话、竞争、妥协、合作和集体行动为共治机制，以共同利益为最终产出的“小政府、强政府、大社会”的多元治理模式会是长效有力推行“河长制”的必然趋势。

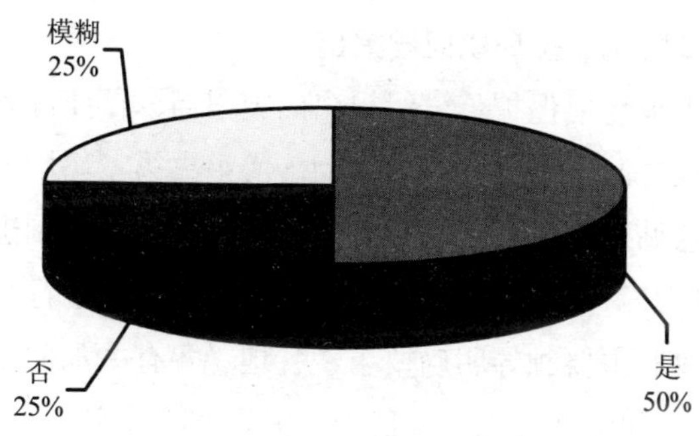

图 8 调查民众对于河长的了解程度

5.4 河长制与其他专项行动的配合

在此次调研中，我们发现，在苏州市，致力于长效治理的河长制在实际操作的过程中常与力度更大的短期治理行动相配合进行，以更好地完成河流保护工作，其中江苏省发动的“263”行动的作用最为突出，下面我们就基于实地调研考察对“263”行动的相关内容进行分析。

（1）“263”行动的起源

2016 年 7 月 15 日—8 月 15 日，中央第三环境保护督察组对江苏省进行了为期一个月的督察，督察指出，江苏省经济社会快速发展与资源环境承载能力之间的矛盾突出。具体存在三方面的主要问题：

①贯彻落实国家环境保护决策部署不到位。

②环境风险问题没有得到有效解决。

③部分区域生态环境问题突出。

针对中央环境保护督察组提出的突出问题，江苏省委、省政府及时上报并制定了《江苏省贯彻落实中央第三环境保护督察组督察反馈意见整改方案》（以下简称《整改方案》），编制出台了《“两减六治三提升”专项行动方案》并召开动员大会进行全面部署。省委、省政府主要领导明确要求，各地、各有关部门要严格按照《整改方案》和责任分工，坚决认真抓好整改落实。

（2）“263”行动的目标和任务

“263”专项行动的总体目标是：到 2020 年，全省 $PM_{2.5}$ 年均浓度比 2015 年下降 20%，设区市城市空气质量优良天数比例达到 72%以上，国考断面水质优III类比例达到 70.2%，劣于V类的水体基本消除。具体任务和措施有三方面：

①“两减”即以减少煤炭消费总量和减少落后化工产能为重点，调整江苏省长期以来形成的“煤炭型”能源结构、“重化型”产业结构，从源头上为生态环境减负。

②“六治”即针对当前江苏省生态文明建设问题最突出、与群众生活联系最紧密、老百姓反映最强烈的六个方面问题，重点治理太湖水环境、生活垃圾、黑臭水体、畜禽养殖污染、挥发性有机物污染和环境隐患。

③“三提升”就是提升生态保护水平、提升环境经济政策调控水平、提升环境监管执法水平，为生态文明建设提供坚实保障。

（3）组织架构

苏州市“263”办公室设在环保局下面，主任由环保局局长担任，另设两个专职副主任，下设五个组，共30人，工作人员从政府各部门抽调，五个组的成员构成与分工见表8。

表8　苏州市“263”办公室主要组织架构

组名	主要人员来源	主要负责工作
综合组	环保局	组织协调
工作一组	发改委、经信委、安监局	“两减”工作
工作二组	水利局、环保局、公安局、农委	“六治”工作
工作三组	财政局、发改委	“三提升”工作以及相关的政策研究
工作四组	环保局与宣传部	宣传工作

（4）工作机制

“263”办公室对问题建立“报道—整改—检查验收—销号”的闭环，其中报道工作主要有工作人员明察暗访、媒体报道、社会举报三种方式。整治黑臭河道也有“整改通知—整改方案—督察—销号”的闭环。市委督察办、市纪委对各区县政府追责，进行行政处罚。建立“一案一档”，实现每一个案件都可以追溯。

（5）“263”行动与河长制的主要区别

同样是对环境问题进行治理，“263”行动与河长制治理在发现问题渠道、解决问题的方式以及督察考核方面有所不同，表 9 简要列出了二者的区别。

表 9　河长制与“263”行动的主要区别

名称	发起组织	持续时间	发现问题的渠道	解决问题的方式	督查与考核
河长制	中共中央、国务院	长效治理	日常巡河与民众举报	编写“一河一策”党政领导，部门联动	河长办查办、督办各部门工作。河长受上级河长和河长办考核，河长办受上级河长办考核。
“263”行动	江苏省委、省政府	三年的运动式治理	明察暗访与媒体报道	报道—整改—检查验收—销号，注重执法，“一案一档”	各部门向“263”办汇报工作。 市“263”办受市委、市政府考核，区“263”办受区委、区政府考核。

其中发现问题、解决问题的区别具体表现为：

1）发现问题的渠道

河长通过日常巡河发现问题，市级河长每季度巡查一次，河道主管每个月巡查一次，市（县）、区河长每月巡查一次，镇级河长每半个月巡查一次，村级河长每周巡查一次。市河长办建立河长巡查专题数据库，每月 28 日汇总后河道主官和各级河长巡查信息，达到河道信息随时查、通知公告早知道、投诉曝光及时回、确保事事有着落。另外，也通过百姓的投诉举报得知河湖污染问题，民众满意度是政府绩效评价的最高标准，百姓的投诉在规定时间内必须得到回复；如青龙河周边是世界著名婚纱市场，工作人员大多为外来人员，边角料扔到水里，正是通过群众举报使这一问题得到了解决。

“263”办公室通过明察暗访，市委书记带头暗访。苏州市要求一周报道 3 次，周一、三、五报道，周二、四、六回访，区、县、镇利用报纸电视等报道。

2）解决问题的方式

河长发现问题后，由河道主管召集征求市级责任部门和下一级河长的意见建议，根据“轻重缓急、先易后难、近远期相结合”的原则，市河长编写“一河一策”，报请市级河长审定。“一河一策”要明确治理时间、要求。河长办公室负责组织协调，配合河长工作，在具体治理中负责查办、督办。

“263”办公室对问题建立“报道—整改—检查验收—销号”的闭环。整治黑臭河道也有“整改通知—整改方案—督察—销号”的闭环。市委督察办、市纪委对各区县政府追责，进行行政处罚。要建立“一案一档”，每一个案件都可以追溯。

（6）分析与建议

分析河长制与“263”行动可以发现，“263”行动是一项由省政府领导的持续时间为三年的运动式治理，对违法的组织或个体进行报道、责令整改直至依法处理，处理力度大，见效快；而河长制作为治河的一项长久之策，注重长效管护，现阶段河长办主要处于建立“一河一策”的阶段，河长主要处于认河和巡河的阶段，故目前河长制对治河发挥的作用不明显。

“263”行动在治理太湖水环境和黑臭水体等方面与河长制工作有重叠，职能有交叉，部分基层政府的“263”办公室和河长制办公室人员组成有重叠，部分“263”行动的突击行为与河长制长效治河之间有矛盾，据七都镇一位工作人员介绍，七都镇原有一条黑臭河道，计划 2018 年开始按计划分步综合整治，但由于“263”行动媒体的报道，不得不在 2017 年进行淤泥清除，2018 年仍按原计划进行，这一过程花了冤枉钱，打乱了河长统筹当地环境治理工作的计划，反而造成了资源的浪费。

苏州市在村级没有设置河长制办公室和“263”办公室，所有工作都压在了村委会身上。“上面千条线，下面一根针。”以吴江区松陵镇同芯村为例，该村村委会共有 6 个人，要管理当地约 1500 名村民和 4000 多名外来打工人员，据当地村委书记说：“现在主要工作是治理环境、发展经济和处理拆迁，原来劝居民拆迁工作就已经很繁重了，现在上级对环境治理的要求又越来越高了，在接待你们之前我刚巡河回来，工作压力很大。”

因此笔者建议，从提高政府工作效率的角度出发，“263”办公室与河长制办公室在市区级层面应该建立定期不定期的良好沟通反馈机制，在镇级将河长办与“263”办合并，减少人员冗余，在村级增派“263”行动流动专员，对基层工作进行指导和帮助，减少基层工作压力，提高政府综合治理环境能力。

河长制作为一项长效管护机制，难免会遇到短期内力度不够的情况，如果可以将“263”行动与河长制相互有效配合，互为补充，并在更长远目光的前提下合理利用“263”行动的大力度与见效快特性，最终必会有利于河流治理目标的达成。

6 结语

在苏州河长制的调研中，我们通过政府座谈、民众访谈、实地考察河流三种调研方式，对了解到的情况及获得的数据进行分析，认为苏州第一轮河长制工作重点在于骨干河道的整治，河长制本身发挥作用不明显，第二轮河长制的改革力度非常大，苏州市部门协作加强，效率提高，各级领导高度重视，河长制的工作机制更加完善，但治河效果有待进一步观察。

通过对苏州河长制考核的分析，建议在原有的自上而下考核机制中增加只对法律负责的第三方评估机构，提高政府考核信息的透明化和水质监测的及时化上达；在考核内容上逐渐由以过程为导向逐渐向以结果为导向过渡，使考核结果等级各占比例保持合理稳定，并在不同地区实行差异化考核标准；组织部门做好对考核结果的运用，体现考核结果的指导与激励作用。

通过对苏州水质的分析，我们认为苏州目前仍然处于战略性缺水状态，水质情况不容乐观，近几年治水工作的开展使得水质有了一定程度的改善，建议苏州市实行控源截污、标本兼治的方法，从监测到治污到宣传等方面，向新加坡等国家学习先进的治水模式。

通过对苏州社会参与绩效的分析，建议苏州加大对河长制的宣传力度，搭建群众监督反馈平台，积极鼓励民间河长，积极开展水文化弘扬工作，使公众感受到河流和自身利益息息相关，社会参与是实现河流长效治理的关键步骤。

通过对苏州“263”行动与河长制关系的分析，建议“263”办涉水工作组与河长办建立高效的沟通渠道，使二者互为补充，解决运动式治理和长效管护的矛盾；并在必要时进行合并，减少职能重叠和人员冗余，提高政府综合治理环境能力。

河流的综合整治是一个漫长的过程，需要付出持续性的艰辛。改变过去运动式治理的思路，向致力于长效治理的河长制的转变，不仅让我们看到了如今政府治理生态问题的决心，更让我们看到了政府提升自身工作效率、给予百姓幸福感的努力。支队的此次实践调研，也许分析不够专业深入，提出的建议也有一定的局限性，同时针对的苏州也有其他地区无法复制的地方，但我们仍相信：本着因地制宜，扬长补短的原则，仍可为全国所有地区全面开展河长制提供一定程度上的参考与借鉴。最后，衷心感谢在此次实践中为我们提供大力帮助的各个机构与单位，也衷心祝愿中国“海晏河清”的那天早日到来。

参考文献

[1] 史春.“河长制”真能实现“河长治”吗？[J]. 环境教育，2013（11）：63-64.

[2] 苏州市水利局.关于开展骨干河道“河长制”工作考核的通知[EB/OL]，2014. http://www.zfxxgk.suzhou.gov.cn/sjjg/szsslj/201410/t20141008_425112.html.

[3] 贾绍凤. 河长制要真正实现“首长负责制”[J]. 中国水利，2017（2）：11-12.

[4] 朱玫. 论河长制的发展实践与推进[J/OL]. 环境保护，2017，45（Z1）：58-61.[2017-09-13]. http://kns.cnki.net/kcms/detail/11.1700.X.20170207.1125.024.htmlDOI10.14026/j.cnki.0253-9705.2017.02.012.

[5] 罗诗明，李友军. 水美怡人，润泽苏州——江苏苏州市水生态文明城市建设纪实[N]. 中国水利报，2017-07-07（4037）.

[6] 中华人民共和国环境保护部. 江苏省对外公开中央环境保护督察整改方案. 环境政务管理信息\新闻发布，2017-04-28.

海绵城市：从项目规划设计到智慧化前景展望

——“邂逅海绵”支队赴四川遂宁调研海绵城市建设调研报告①

面对当代城市建设中出现的城市内涝、河道水生态恶化等问题耦合而成的城市综合性水危机，国家提出“海绵城市”这一城市发展理念，并于2015年开始，在全国范围内先后共选择30个城市进行试点建设，掀起“海绵城市”热潮。其中，如何因地制宜地就试点城市基础情况进行海绵城市相关工程的规划设计成为实际工程中常探讨的热点问题之一。

2017年暑期，清华大学水利系“邂逅海绵”支队前往四川省遂宁市进行相关实地调研活动，通过实地项目走访、地方设计院访谈等方式，了解遂宁市海绵城市项目建设具体情况。基于实践过程中收获的地方经验，结合前期经历，支队提出一套完整的海绵城市规划设计方案，并就未来“海绵城市”结合时下热点如大数据、VR、AR等技术提出展望，希望未来能结合支队成员的科研工作推动其发展。

---

① 作者：李瑞栋（清华大学水利水电工程系2015级本科生）。

1 海绵城市调研背景

1.1 国外实例

长期以来，世界各地不同地区因其地理环境和发展模式的差异，在城市发展过程中建立起各具特色的雨洪管理体系，如美国的最佳管理措施（BMPs）、低影响开发（LID）、绿色基础设施（GI）及英国的可持续城市排水系统（SUDS）、澳大利亚的水敏感性城市设计（WSUD）等，这些体系就“如何高效地利用雨水”“如何在城市化过程中保持原有的自然水文循环”等问题的解决提出了不同的实践道路。

1.2 概念提出

近年来，在借鉴国际经验的基础上，基于中国的实际情况，中国提出较国外雨洪管理措施更为广泛综合的城市发展理念——“海绵城市”。

2013 年 12 月 12 日，习近平总书记在中央城镇化工作会议的讲话中强调，提升城市排水系统时要优先考虑更多利用自然力量排水，建设自然存积、自然渗透、自然净化的海绵城市。

2014 年 10 月 22 日，由北京建筑大学等多名学者共同制定的《海绵城市建设技术指南（试行版）》（以下简称《指南》）正式发布，定义“海绵城市”是指能够像海绵一样，在适应环境变化和应对自然灾害方面等具有良好的弹性，下雨时吸水、蓄水、渗水、净水，需要时将蓄存的水“释放”并加以利用[1]。该指南提出了海绵城市建设的相关低影响开发指标、设计计算方法及国内已有参考范例等，被应用于地方海绵城市建设的指导与参考。但在随后的试点城市建设过程中发现，该指南被发现存在部分概念不清、个别设计步骤有待商榷等问题。

2015 年 10 月 16 日，国务院办公厅下发了《国务院办公厅关于推进海绵城市建设的指导意见（国办发〔2015〕75 号）》，明确指出“海绵城市是指通过加强城市规划建设管理，充分发挥建筑、道路和绿地、水系等生态系统对雨水的吸纳、蓄渗和稀释作用，有效控制雨水径流，实现自然积存、自然渗透、自然净化的城市发展方式”，其意义在于“修复城市水生态，涵养水资源，增强城市防涝能力，扩大公共产品有效投资，提高新型城镇化质量，促进人与自然和谐发展”，需实现“小雨不积水、大雨不内涝、水体不黑臭、热岛有缓解”的建设目标。

1.3 试点引路

2015 年 4 月 2 日，由中华人民共和国财政部、住房和城乡建设部、水利部共同组织评审的第一批国家级海绵城市建设试点城市公布，分别为（按行政区划序列排列）：迁安、白城、镇江、嘉兴、池州、厦门、萍乡、济南、鹤壁、武汉、常德、南宁、重庆、遂宁、贵安新区和西咸新区。试点城市每年将获 4 亿～6 亿元经费支持，进行试点区域内的海绵城市建设。

时隔一年，2016 年 4 月 2 日，第二批国家级海绵城市试点城市再度公布，分别为：福州、珠海、宁波、玉溪、大连、深圳、上海、庆阳、西宁、三亚、青岛、固原、天津、北京。

此外，在《国务院办公厅关于推进海绵城市建设的指导意见（国办发〔2015〕75 号）》中提出，“从 2015 年起，全国各城市类新区、各类园区、成片开发区要全面落实海绵城市建设要求；老城区则结合城镇棚户区、城乡危房改造和老旧小区有机更新等逐步开展工作，推进区域整体治理”。该文件标志着中国全面启动海绵城市建设。

1.4 建设现状

当前的海绵城市建设主要参考由北京建筑大学等多名学者共同制定的《海绵城市建设技术指南（试行版）》，结合试点城市具体情况，常辅以一定的现场试验，开展工程项目建设，如陕西省西咸新区、四川省遂宁市等部分试点城市成果显著，通过因地制宜的工程措施改善城市水问题。

同时，部分设计院及科研院所常采取如 MIKE、InfoWorks、SWMM 等水文水力模型及其二次开发后的软件，对城市排水情况进行模拟评估，但上述模拟过程常关注于城市管道（或类管道）排水能力分析等，缺乏对如水生态、人水耦合关系、工程经济性等多项指标的综合分析，难以适应海绵城市未来的发展需求。

就现状而言，海绵城市建设（将）涉及如景观、规划、环境、水利乃至计算机科学、社会科学等多专业的共同合作；通过学科间的交叉与协作，从如项目设计管理、舆情追踪分析、城市数据挖掘等方面，推动海绵城市相关数字模型的建立，促进人水关系和谐发展。

2 海绵城市调研目的

我国的初期城市建设中，由于受到工程技术、地理环境及规划理念等诸多因素的限制，未能妥善处理城市发展与自然水循环间的关系，导致随着城市化的深入，各个城市出现不同程度的水系萎缩、城市内涝、水质污染等诸多水问题。中央政府提出“海绵城市”这一综合性治水方案，先后建立30个海绵城市试点进行试验性建设。但试点建设工作仍面临诸多挑战，如城市地理信息不完善，相关工程技术有待加强，“海绵城市”项目运行存在来自社会群众、舆论媒体等多方面阻力，跨区域的海绵城市建设经验亟待总结等。

在前期实践总结海绵城市建设管理机制的基础上，本次实践从遂宁市复丰巷小区、芳洲路、联福家园等海绵城市建设具体实例出发，挖掘海绵城市在前期资料收集、总体方案构建、模型演算分析等方面的工程技术细节，思索如何实行精准化、信息化乃至智能的海绵城市建设，为未来城市雨洪管理提供值得参考的经验与方向。

3 海绵城市调研方法

3.1 项目实地走访

在遂宁市住建局相关负责人和项目工程师的带领下，支队成员先后走访了遂宁市船山区复丰巷小区海绵化改造工程、遂宁市船山区金色海岸小区海绵化改造工程、遂宁市河东新区芳洲路海绵改造路段、遂宁市河东新区联福家园海绵安置小区工程等项目现场，与项目设计者进行交流讨论，学习遂宁市在老旧小区改造、新建小区建设、市政道路改造等方面的海绵城市建设经验。

3.2 人物访谈

支队成员于北京市清控人居研究院、遂宁市住建局等地，对清控人居研究院海绵城市监控方案相关负责人、遂宁市住建局负责人、中国城市规划设计院驻遂宁技术人员等进行访谈，就海绵城市前期设计审核、后期监控方案、遂宁市海绵城市建设经验特色等问题进行深入交流。

3.3 文献调研

在实践开展活动前后，支队成员结合 2017 年北京海绵城市规划论坛文件、《遂宁市海绵城市规划设计导则（试行版）》等海绵城市相关论文文件，详细学习海绵城市相关建设理念、海绵城市雨洪调蓄设施、海绵城市整体规划设计方法等内容，深化对海绵城市的认识理解。

4 调研地概况

4.1 气象概况

遂宁市年均降雨量为 993 mm，降雨年际变化幅度较大，历史最大年降雨量为 1 371.4 mm（1956 年），最小降雨量为 736.7 mm（1976 年）。降雨年内分配不均，冬季（12 月至次年 2 月）降雨量占年降雨量的 4%～5%，春季（3—5 月）占年降雨量的 20%～22%，夏季（6—8 月）占年降雨量的 43%～48%，秋季（9—11 月）占年降雨量的 27%～30%。

遂宁市历年 1 h 最大降水量普遍在 25～50 mm，1 h 极端最大降水量为 88.6 mm，出现在 2013 年 6 月 30 日。1961 年以来，1 h 最大雨量在 50 mm 及以上的有 16 年，频率为 30%。而遂宁市历年 2 h 最大降水量多为 40～80 mm，2 h 极端最大降水量为 128.9 mm，出现在 2013 年 6 月 30 日。1961 年以来，2 h 最大雨量在 50 mm 以上的有 34 年，频率为 63%。

根据遂宁市历年气象资料显示，遂宁市 5 年一遇和 30 年一遇 2 h 累积降雨量分别为 77.87 mm 和 108.03 mm，最大雨强分别为 126.14 mm/h 和 174.99 mm/h。同时，采用年最大值法对遂宁市暴雨资料进行选样，对遂宁市暴雨强度进行最小二乘法拟合，可得遂宁市暴雨强度公式如下：

$$q=\frac{1802.687\times\left(1+0.763\lg P\right)}{\left(t+17.331\right)^{0.658}}$$

式中：P——降雨重现期，a；

t——设计降雨历时，$t=t_1+t_2$，min；

t_1——地面集水时间，min（常取为 5 min）；

t_2——管渠内雨水流行时间，min；

q ——设计暴雨强度，L/（s·hm^2）。

4.2 地质背景

遂宁市位于四川盆地中部，地处涪江中游，以红层丘陵构造剥蚀地貌为主。其中，侵蚀堆积地貌主要分布于涪江河谷，表现为河漫滩及Ⅰ～Ⅴ级阶地，即平坝区，占幅员面积的 48%；构造剥蚀地貌主要分布于涪江两岸丘陵区，以浅丘为主，占幅员面积的 52%[2]。

遂宁市岩层属于中生代侏罗纪岩层，岩层下部以石灰岩为主，上部以紫红色沙土、泥岩为主，故被称为“红土地”。

遂宁市地形西北高东南低，呈波状缓倾，最高海拔 674.6 m，最低海拔 250 m，一般海拔为 300～400 m，一般相对高差在 100 m 以内。

4.3 河流水系

遂宁市河流众多，境内流域面积在 100 km^2 以上的河流有涪江、琼江等 15 条。涪江呈树枝状分布，遂宁境内流域面积 5 085.9 km^2，占全市河流面积的 95.51%。涪江源于松潘雪宝顶，经平武、江油、绵阳、三台等地，于射洪县香山镇旋涡沱入射洪县境。入境后，江水西南流，至香山镇的新城有东来的桃花水汇入，于合川东津沱入嘉陵江。涪江遂宁段设计防洪标准为 50 年一遇。

5 遂宁市海绵城市建设典例分析

5.1 遂宁市船山区复丰巷小区

复丰巷小区属于遂宁市海绵城市建设中典型的老旧小区改造类项目，位于遂宁市船山区，涪江西岸，所在雨水分区的汇水面积为 48.7 km^2。小区整体地势低于四周，最低点高程约为 277.5 m。当涪江水位较高时，江水易倒灌入小区低洼点。

在海绵化改造前，复丰巷小区主要存在如下问题：

①管道设计标准较低，面对暴雨时管道过流能力不足，且为雨污合流，长期污水过流造成部分管道淤积堵塞；

②小区整体地势低洼，在雨水入口处缺乏截流措施，使得四周雨水不经削减即可直接汇聚于此，导致出现“逢雨必涝”的现象；

③排水管道出口高程较低，当涪江水位较高时，无法顺利排水，甚至出现江水倒灌，加剧内涝的情况。

复丰巷小区的海绵化改造从小区入口入手，在各入口处添加截流沟（尺寸为 400 mm×250 mm），有效拦截自外部而来的客水，客水自截流沟流入小区外复丰路 DN 1200 排水主管内。

图 1　复丰巷小区入口处截流沟

而在小区内部，新建雨水暗渠 400 mm×400 mm×120 m，收集路面雨水，将原有的雨污合流管道改建为 DN 400 污水管道，实现雨污分流。

图 2　复丰巷小区内部

注：路面应用透水混凝土，加强雨水下渗；微调道路坡度至 1.0%，使雨水汇入排水边沟。

针对于雨水倒灌问题，该项目将复丰巷小区路面高程整体抬升约 10 cm，以提高盖板排水边沟出口高程，降低项目开挖深度从而减少对于居民及周围老旧房屋的影响。同时，项目对主排水渠限流墙进行改造：主排水渠前端设置限流墙，拆除一部分原建限流墙，降低主排水渠汛期时水位标高。

在复丰巷小区海绵化改造过程中，项目保持“海绵+”的理念，带动小区进行小区外立面改造、周围道路绿化改造等，减少高空坠物、道路不平引起的老人小孩摔倒等意外事故发生，整体提升小区居住环境。

在小区海绵化改造完成后，小区居民自发组织“坝坝宴”，向遂宁市住建局等部门赠送锦旗，表达百姓对于海绵城市建设的支持与感谢。此外，复丰巷小区海绵化改造工程起到了良好的示范效应，带动周围片区海绵城市建设，不少居民自发前往相关部门，希望在其居住片区开展类似的海绵城市建设工作。

5.2 遂宁市河东新区联福家园

联福家园小区属于遂宁市海绵城市建设中典型的新建小区类项目，位于遂宁市河东新区，为四川省首个海绵城市安置小区工程。

小区围绕“海绵城市”理念，因地制宜地开展相关建设工作，其不同区块的路面采用各自的透水材料，适应其不同的应用需求。

图 3　联福家园小区一处 3 种不同透水材料

（图左上为透水砖，左下为透水混凝土，右侧为透水沥青）

在海绵城市建设中，透水沥青常应用于城市行车道路乃至承载能力要求较高的高速公路等地，其多孔结构可以有效吸收车轮摩擦地面所发出的噪声，同时较为有效地缓解路面积水，提高行驶安全性。而在小区部分应用的透水沥青，其自身对于雨水的吸收存蓄可以忽略不计，常采用调整路面坡度的方式将雨水汇入道路旁的绿地或排水边沟中进行调蓄输运。

而透水混凝土常应用于停车场、承载能力要求较低的道路（如小区道路）等地。同透水沥青类似，透水混凝土为多孔介质材料，但保持着混凝土的脆性，易出现应力集中、冻融循环破坏等破坏现象，如其孔隙尖端处易出现应力集中现象，加速裂纹扩展发育，从而加速路面开裂。同时，雨水能通过透水混凝土进行有效下渗，回补所在区域地下水，在晴天时，水分可通过孔隙进行蒸发作用，带走热量，缓解城市热岛效应。

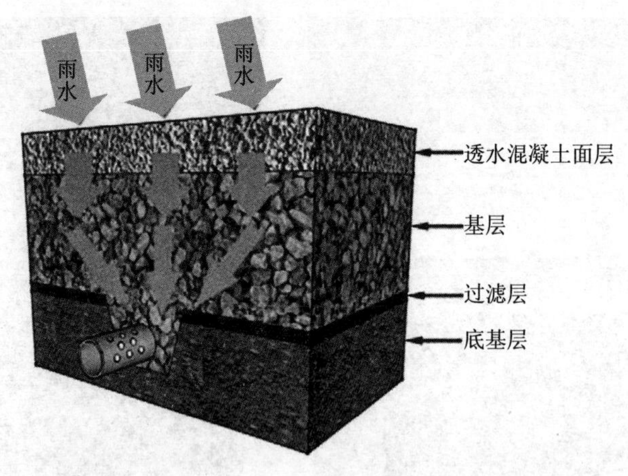

图 4　水经透水混凝土汇入上开孔的排水管道

透水砖常应用于人行步道，其强度较透水混凝土而言较弱，且更换维护周期较透水混凝土而言更短。

长时间使用上述透水材料易出现孔隙被堵塞、透水能力下降的情况，故《指南》指出，一年中，应在所在地区雨季来临之前和期中对上覆透水材料的透水铺装检修、疏通其透水能力至少 2 次。

同时，在遂宁市，我们了解到，透水材料受热变形较普通材料而言更为明显，故在实际工程应用中，常将透水材料和普通材料混合使用。

在该项目相关负责人处，支队了解到，在新建小区开展海绵城市相对而言较为容易，其常见设计思路有：

①通过绿色屋顶+雨落管等雨水设施收集屋面雨水；

②在小区楼房旁设置雨水花园，作为雨水集中调蓄区域；

③通过局部微地形调整（如改变路面坡度，使之向一侧倾斜等），利用地形实现对雨水的引导，将其引流至集中调蓄区域；

④在公共活动区域，使用透水混凝土或透水砖，防止因路面不平整或路面湿滑引起的意外事故；

……

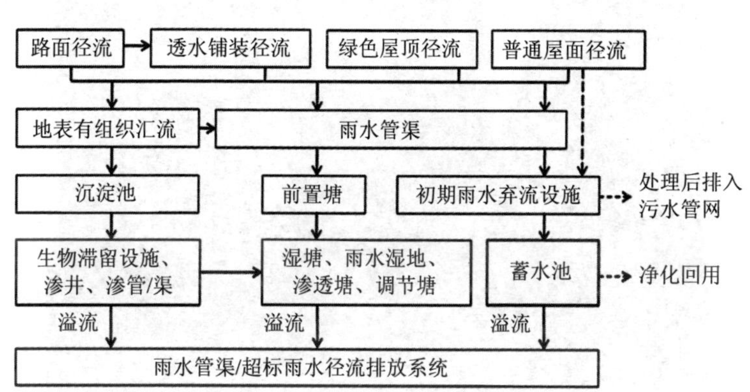

图 5 《指南》提出的建筑小区低影响开发雨水系统构建流程示例

在新建小区，没有旧有布局、老旧房屋等方面的限制，给予设计者更大的自由度与设计空间：大规模地应用透水材料、设置雨水花园、相对完整地构建雨水调蓄系统……同时，基于海绵城市理念构建的低影响雨水开发系统并未提升工程造价：相对于老旧小区做的“先破后立”，新建小区重在设计理念层面的更新——在原定的绿地区域加设或改设雨水花园、生物滞留设施等，在活动区域的人行步道处改铺透水混凝土、透水砖等透水材料。通过自然的力量进行雨水调蓄：小雨时雨水就地消纳吸收，大雨时错开延缓洪峰从而减轻对于市政管道的排水压力。

图 6　雨后，联福家园小区住房旁雨水花园蓄水

5.3　遂宁市河东新区芳洲路

芳洲路段海绵化改造工程属于遂宁市海绵城市建设典型的城市道路类项目，位于遂宁市河东新区，总长约 2.3 km。

在芳洲路段海绵化改造工程中，避免了传统治理城市内涝中高成本的“大开大挖，扩建排水主管道”的方式，而是基于低影响的“微创”理念，利用道路旁的绿地作为海绵体，通过路旁不同的排水管道入口设计实现在不同降雨强度下对于雨水的高效调节。

图 7 芳洲路段两种排水管道入口

在该项目相关负责人处，支队了解到，较直接提升主排水管道管径，采取上述措施，主要有如下优势：

①源头控制，减少径流污染。初期雨水携带有大量如重金属、多环芳香烃（PAHs）等污染物质，该处理方式将初期雨水导入路旁绿地，实现自然净化。

②错峰排放，减缓管道压力。在该处理方式下，初期雨水首先由绿地实现自然调蓄，通过合理设计管道管径、排列方式等途径，可有效实现对于暴雨的错峰处理，降低主排水管道压力，减缓城市内涝。

③微创工程，降低造价成本。相较于直接开挖并更换管道的方式，该处理方式充分利用路旁绿地，仅于绿地下增设若干小管径管道与雨水集中调蓄池，工程量较小。据相关报道反映，芳洲路段海绵改造项目充分利用原有的城市本底，有效节约资金近

500 万元。

同时，在芳洲路段旁的“家有儿女”艺术幼儿园、“龙腾御锦”小区也采取了类似的策略，通过地下雨水调蓄池、房屋外接雨水管等措施，利用地下空间梯级存蓄雨水，通过周围绿地高效调蓄雨水。

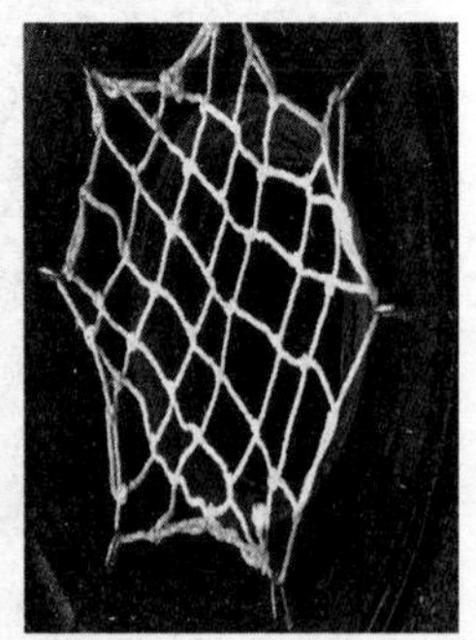

图 8　“家有儿女”艺术幼儿园内三级雨水井（从左至右，由外至内）

2017 年 7 月 6 日，遂宁市老城区降雨达 200 余 mm，但幼儿园内最内一级的地下蓄水空间仍未出现积水现象（由左侧图可知）。

5.4　遂宁市海绵城市建设特色工程技术

5.4.1　古为今用——“卓筒井”

“凿地植竹，为之卓筒井”，卓筒井是以直立竹筒吸取盐卤的盐井，发明于北宋庆历年间，开创了人类机械钻井的先河。

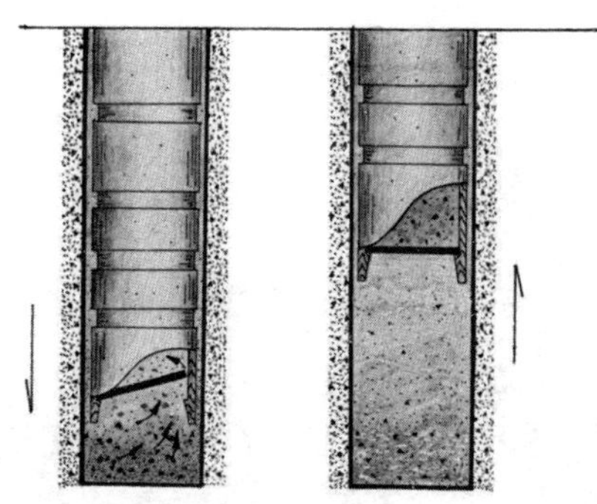

图9　卓筒井

（采用机械凿井的方法，通过钻头击碎井底岩石，于地下形成泥水，后用扇泥筒提取泥水，即卤水）

遂宁市海绵城市建设借鉴遂宁本地古时这一盐卤提取技术，对于低渗透性地区，通过类似于卓筒井的方式，利用遂宁市地下水位较高这一特点，采用机械打孔至地下渗透性较高的砂砾层，在钻孔中换填过滤砂石用以雨水初期过滤，将地面海绵体与地下海绵体相互连通，促进雨水下渗。

5.4.2　钢带波纹管

钢带波纹管属于大口径排水管道，其数米的内径形成巨大的腔体结构，提供充分的蓄水空间，可用于存储碎石层内不能及时下渗的雨水。作为管道材料本身而言，钢带波纹管具有抗压强度高、耐腐蚀、密封性强、使用寿命长等优势，适合地下水位高、地基软弱等工程地质条件不佳的工程区域。

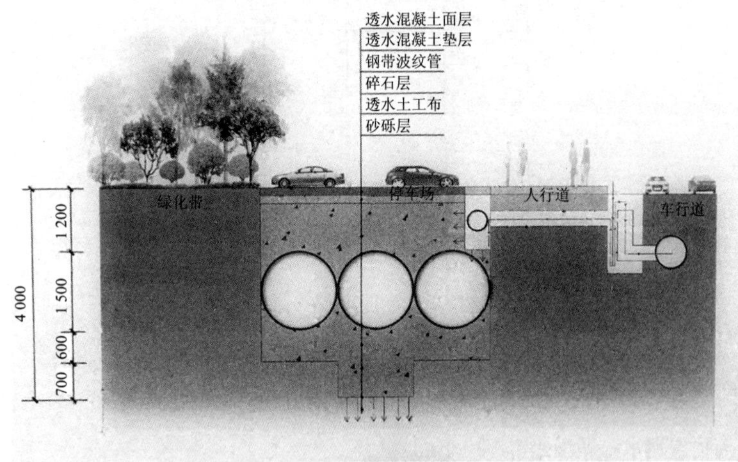

图 10　钢带波纹管应用于透水停车场建设（单位：m）

6　海绵城市设计思路归纳

6.1　基础情况分析

6.1.1　气象资料修编

在海绵城市建设中，常根据地区多年降雨情况，对地方降雨情况进行频率分析，获取以下两类气象数据（曲线）。

①年径流总量控制率—设计降雨量曲线

关于其统计方法，《海绵城市建设技术指南——低影响开发雨水系统构建（试行）》中指出，选取至少近 30 年日降雨资料，扣除小于或等于 2 mm 的降雨事件，将降雨量日值按雨量由小到大进行排序，统计小于某一降雨量 h_0 的降雨总量 H_α：

$$H_\alpha = \sum h_i + n\ h_0$$

式中，h_i 为小于降雨量 h_0 场次的真实降雨量；n 为大于降雨量 h_0 场次的次数。

年径流总量控制率（多年平均降雨总量控制率）α 通过下式计算得到：

$$\alpha = \frac{H_\alpha}{H}$$

式中，H 为日降雨资料经剔除后所有降雨场次的总降雨量。

在此基础上，即可绘制年径流总量控制率—设计降雨量曲线，依据具体城市所设定的年径流总量控制率目标可获得相应的设计降雨量用于后续设计。

②修编地方暴雨强度设计公式

根据现有规范中暴雨强度公式的编制方法，降雨资料年限一般选取 20～30 年，降雨历时通常选取 5 min 至 2 h 内的 9 个时段。但在长历时、高重现期的暴雨强度计算中，降雨历时通常由 2 h 延长至 24 h，选择 30 min、60 min、90 min、120 min、180 min、240 min、360 min、480 min、720 min、960 min、1 080 min、1 440 min 共 12 个时段（或更多时段）。同时，对于雨水口、道路边沟等汇水时间较短的区域，需根据实际情况与需求，另选取降雨历时与时段进行后续的拟合计算。

在我国排水管渠设计中，暴雨强度设计公式常用拟合形式为：

$$q = \frac{167A\left(1 + C\lg P\right)}{\left(t + b\right)^c}$$

式中，P 为降雨重现期，a；t 为设计降雨历时，min；q 为设计暴雨强度，L/（s·hm^2）；C，b，c，A 为相应常数，通过统计数据由最小二乘法确定（其中，A 为重现期为 1 年时设计降雨的雨量，mm）。

在统计数据中，可通过下式计算暴雨强度：

$$q = 167i = 167\ \frac{H}{t}$$

式中，H 为降雨深度，mm；t 为降雨历时，min；q 为设计暴雨强度，L/（s·hm^2）；i 为暴雨强度，mm/min。

在暴雨强度公式的基础上，海绵城市设计常采用芝加哥设计雨型。其操作过程大致如下[3]。

①对于给定重现期，暴雨强度公式中的 $167A(1 + C\lg P)$ 为常数，记之为 a，则暴雨强度 i 可通过下式计算：

$$i = \frac{a}{(t+b)^c}$$

由暴雨强度 i 的定义式：$i = \frac{1}{t}\int_0^t i(t)\mathrm{d}t$ 可建立一等式关系，对该等式取微分可得：

$$i(t) = \frac{a[(1-c)t + b]}{(t+b)^{1+c}}$$

②引入参数雨峰系数 $r \in (0,1)$ 描述降雨峰值发生时间，将降雨时间序列分为峰前时间序列 $i(t_b)$ 和峰后时间序列 $i(t_a)$，其表示式如下：

$$i(t_b) = \frac{a[\frac{(1-c)t_b}{r} + b]}{(\frac{t_b}{r} + b)^{1+c}}$$

$$i\left(t_a\right)=\frac{a\left[\frac{(1-c)t_a}{1-r}+b\right]}{\left(\frac{t_a}{1-r}+b\right)^{1+c}}$$

式中，t_b、t_a为当前时刻与雨峰时刻的时间间隔。

通过上述过程即可生成给定重现期下的单峰型芝加哥雨型用于海绵城市设计中相关模拟计算环节。

6.1.2 管网资料修编

在海绵城市设计中，较为完善的城市管网资料对于前期方案分析乃至后期建模计算、工程安全实施都是必要的。

在“海绵城市”这一建设理念提出之前，考虑管线资料不完善对于城市规划建设的影响，国家已要求地方政府针对主要的市政管线资料进行修订工作。同时，据相关设计院反映，目前设计过程中，主要干道的雨污水管网资料较为完善，但对于如小区等特定小区块的管网资料仍需通过进一步的管网检测进行确定。

6.1.3 竖向分析

海绵城市设计前期的竖向分析可从工程测量获得的高程点资料入手，通过 ArcGIS 等 GIS 软件，利用插值方法建立工程项目地区的 DEM 模型。

基于 DEM 模型，可较为便捷地进行如地形分析、坡度分析、汇水区分析（大多数 GIS 软件均提供了相关的工具包）等基本空间分析操作，从而对如地势较低的易涝点、因坡度过大而引起的雨水流速过大区域等雨洪风险区域拥有较为直观的把握，便于入手分析相应处理策略。

同时，建立 DEM 的过程，将工程项目地区划分为若干微小矩形单元（Grid 方法）或三角形单元（TIN 方法），为后期建立小尺度的分布式水文模型提供了必要支撑。基于矩形格网划分的 Grid 方法可以通过矩阵式结构实现数据存储，尽管在初期存储过程中会出现一定数据冗余问题，但可通过后期手段对于如地形平坦地区等重复数据进行进一步压缩，而且关于矩阵分析的理论相对较为成熟，若考虑后期建模计算需要，常选用基于矩形格网划分的 Grid 方法。

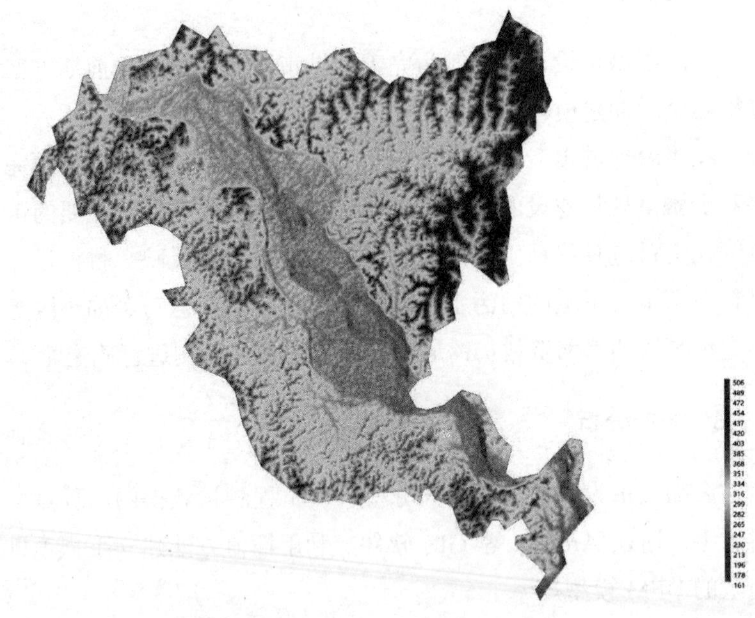

图 11　通过 ArcGIS 建立遂宁市数字高程模型（DEM）

6.1.4　地质分析

海绵城市设计前期的地质分析关注于工程项目地区的土质情

况、地下水位等因素，可与场地的下垫面分析共同进行。

一方面，相关工程地质问题限制海绵城市工程项目的开展。如过度开发地下空间将引起上覆土厚度被压缩，难以在该类地块设置下渗类、存蓄类雨水设施。同时，从另一角度看，相关地质信息亦为海绵城市设计提出了相应需求，如对于需下渗区域的土壤，若其渗透性较差，需进行适当换填。

另一方面，相关地质资料为后期水文模型中水分渗透蒸发、地下水输运等水文过程提供相应的参数支撑。缺失此类参数，易造成水文模型演算时该环节的缺失或过度简化，引起模拟结果的不准确。

以遂宁市复丰巷小区海绵化改造工程为例，遂宁市整体呈现丘陵地形，在涪江西岸，有两大河谷冲积平原，即黄连沱至石溪濠的凤台坝和石溪濠至龙凤场的南北坝；遂宁城区即位于南北坝之中，其北为北坝，其南为南坝。冲积平原之上，稳定性、连续性好的砂卵石层是丰富的含水层，导致复丰巷小区所在区块地下水位普遍偏高，不易直接进行如换填土、管道改造等操作，故在工程实施过程中，先对复丰巷小区路面作整体抬升处理，而后进行相关改造措施。

6.1.5 控制目标

对于不同地块，其面临的水问题是不同的。不同工程项目将面临如地下水位下降、面源污染严重、水土流失等具体问题。不同问题的解决将面临不同的难点。在前期分析的基础上，需因地制宜地明确相关控制目标。

其中，绝大多数海绵城市建设项目均需达到以下两方面的要求：

①体积控制。依据年径流总量控制率目标，由年径流总量控制率—设计降雨量曲线可获得相应的设计降雨量，在小于该设计降雨量的降雨条件下，通过各类雨水设施的调蓄，场地内部不应出现积水等现象。

②流量控制。在特定降雨重现期条件下，区域内雨水径流能在各类雨水设施及排水管渠的共同作用下得到有效排除。

6.2 总体方案构建

6.2.1 源头—过程—末端

同关注管道输运、末端治理的传统城市排水策略相比，海绵城市从水循环的各个环节入手，引入了更为多样的雨洪管理措施。

在雨水降落、产生地表径流的源头，通过透水铺装、雨水花园、雨水罐等雨水设施，将雨水就地吸收存蓄，直接控制径流的产生。在雨水输运的过程，通过溢流井、生物滞留设施等雨水设施，或减缓雨水流速，或延后雨水进入主市政排水管道时间，在削峰错峰中减缓管道排水压力。在雨水排放的末端，通过景观水系、大型雨水湿地等城市水体建设，实现对于雨水的自然调蓄，促进城市的健康水循环。

根据城市区块具体情况，通过阶段性的雨水调蓄，海绵城市综合利用“渗、滞、蓄、净、用、排”六大方法，结合各类雨水设施（各类低影响开发设施选用详见《指南》）构建城市大小海绵体，针对性地解决城市水问题。

鉴于试点时间限制与实际需求，源头控制、过程控制是当前海绵城市建设工程项目的重点内容，也是各大试点城市大力推进的项目方向，包括建筑小区、公园绿地等，关注于城市小海绵体的构建，实现对小降雨的就地消纳。

但对于城市水系的修复调理，即大海绵体的末端调蓄，或许将成为制约城市水问题解决的瓶颈所在。以城市水问题中的内涝为例，随着城市极端灾害的日趋频繁化，面临暴雨乃至特大暴雨时，小海绵体无法通过下渗的方式对雨水进行有效调蓄，雨水终须经由主要的市政管道排往城市水体中，可能出现如江水倒灌、管道因内部堵塞、设计标准低而过水不畅等问题，个中问题的解决或许又如“海绵城市”与传统排水策略一样，会存在不同的想法。

以暴雨时城市水体水位高引起江水倒灌这一具体问题为例，一方面，采用一种“拒水”的方法，可以通过泵站抽水、提高沿岸堤坝以防止水倒灌入城、修建地面盖板排水沟以增大管道整体落差和提高出口高程等方式加以缓解。另一方面，延续一种“亲水”的理念，通过完善城市水系，将城市中大小湖泊湿地通过河流小溪等水道的方式相连接，利用水的柔性和流动性增强城市应对，实现洪泛区与城市建成区的有机融合，加强河道修复，与水为邻，协调人水关系，将为城市发展过程中水问题的解决提供更好的思路。

对于特殊区域，可开辟专门的洪泛区，设置大面积如绿地湿地的亲水区域，在洪水尚未发生时可正常使用（如供人休憩游玩等），洪水来临时任其淹没，将其作为集中调蓄的场地。以德国汉堡为例，该市部分地区拥有两套公路系统供车辆行驶：当暴雨来袭，洪水形成时，仅使用标高较高的道路；待洪水退去，雨水下渗消纳后，两条道路恢复共同使用。

6.2.2 雨污管网设计

从核心理念而言，海绵城市强调通过自然力量对雨水实现调蓄管理乃至资源化利用，而非单纯依赖管道进行雨水排放。有部分人指出，在城市内涝防治这一问题上，加强河道治理将比扩大雨水管道管径收到更好的效果。

因此，可将海绵城市建设与城市管道升级建设视为治理城市水问题中“一绿一灰”并行的两方面，对于海绵城市工程项目覆盖区域，需完善如雨污分流、管道勘察、排水管道扩建等工作，可有效缓解如低洼地区逢雨必涝等问题的产生。而相关管网设计计算仍遵循如《室外排水设计规范》《城市排水工程规划规范》等设计规范。

同时，重新设计的雨污管网是后期模型模拟核算中必不可缺的环节。从相关模型模拟结果中，可以发现，相较于降低地块不透水率、设置低影响开发设施等措施，提升管径等针对管道的操作往往能在减少路面积水深度方面收获更为直观有效的效果。但在实际工程中，大规模的管网改造将大幅度提升工程造价成本，故不为解决类似问题的首选项。

6.2.3 径流控制目标计算

将项目整体划分为若干排水分区 $A_1, A_2, \cdots, A_n$，其面积分别为 $S_1, S_2, \cdots, S_n$，统计其下垫面情况，依据《指南》“表 4-3 径流系数”可加权计算各地块雨量径流系数为 $\varphi_1, \varphi_2, \cdots, \varphi_n$，进而由各地块的雨量径流系数加权计算项目整体综合雨量径流系数 φ：

$$\varphi = \frac{\sum \varphi_i S_i}{\sum S_i}$$

由项目设计降雨量 H，可计算项目设计调蓄容积 V：

$$V = 10 H \varphi F$$

式中，V 为项目设计调蓄容积，m^3；H 为降雨量，mm；F 为汇水面积，hm^2。

上述设计流程被称之为“容积法”，被广泛应用于海绵城市径流控制量计算。在获得项目设计调蓄容积 V 的基础上，可将该容积 V 按各汇水分区实际情况进行适当分配，通过进一步的汇水分区雨水设施（海绵设施）达到各分解目标的要求。

6.3 分区方案细化

6.3.1 海绵设施计算

在当前大多数海绵城市工程项目的设计中，各汇水分区中海绵城市设施的计算沿用《指南》中提出的“容积法”“流量法”乃至“水量平衡法”等。

该类计算方法将各雨水设施所涉及的水文循环过程做了较大的简化，故所得数据有一定的参考意义，精确计算仍需依赖相关建模分析。而在建模过程中，需对各雨水设施依据其设计参数作抽象处理，并合理概化其水文过程，相关研究工作亟待进一步开展。常见的方法思路有：

①通过建立合理的水文水力模型，输入较为详尽完备的参数，进行模拟工作，从而确定具体方案的调蓄效果；

②通过人工神经网络等拟合方法，确定特定种类雨水设施在不同情景下的调蓄能力曲线，根据实际工况代入求解。

6.3.2 监测方案确定

对于划定的汇水分区，常通过在分区主出水口等位置设置液位计、雨量计、水质计用以监测降雨量、管道流量、水质（主要包含 SS 悬浮固体浓度、TN 总氮、TP 总磷、COD 化学需氧量等指标，其中当前的试点在线监测主要以 SS 为主）等指标（表 1）。

表 1 海绵城市监测方式

<table>
<tr><th colspan="2" rowspan="2">监测指标</th><th rowspan="2">监测设备</th><th colspan="2">常用监测方式</th><th rowspan="2">设施成本</th></tr>
<tr><th>在线监测</th><th>手工测定</th></tr>
<tr><td colspan="2">管道流量</td><td>流量计</td><td>✓</td><td></td><td>较高</td></tr>
<tr><td colspan="2">降雨量</td><td>雨量计</td><td>✓</td><td></td><td>较高</td></tr>
<tr><td colspan="2">液位</td><td>液位计</td><td></td><td></td><td>较低</td></tr>
<tr><td rowspan="4">水质</td><td>SS</td><td rowspan="4">相应水质计</td><td>✓</td><td></td><td>较高</td></tr>
<tr><td>TN</td><td></td><td>✓</td><td>—</td></tr>
<tr><td>TP</td><td></td><td>✓</td><td>—</td></tr>
<tr><td>COD</td><td></td><td>✓</td><td>—</td></tr>
</table>

以河北迁安和四川遂宁两市为例：

对于迁安市 21.5 km^2 的试点建设区域，共采用 113 台雨量计、132 台在线超声波流量计、50 台 SS 水质监测仪，同时交托有相关检测资质的第三方机构进行进一步的水质采样化验；

对于遂宁市 25.8 km^2 的试点建设区域，共采用 7 台雨量计、60 台流量计、39 台液位计、46 台 SS 水质检测仪。

相关监测数据为海绵城市建设实际效果提供唯一有效的评定依据，在试点建设过程中不能以相关模型演算结果作为项目验收依据。在海绵城市乃至智慧城市建设过程中，“监测”与“模型”关系如图 12 所示。

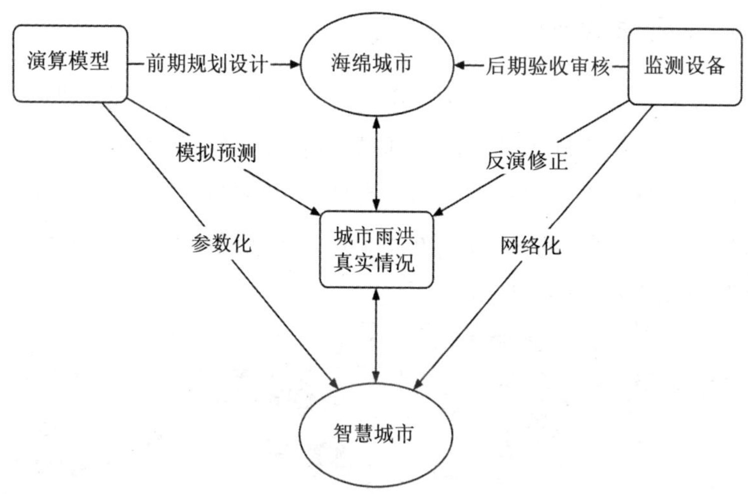

图 12　海绵城市建设中“监测”与“模型”关系示意图

①“模型”可作为海绵城市前期规划设计的依据。设计规划部门所给出的规划方案，如低影响开发设施布局、管道布局等，需要通过模型的演算，检验在模型框架下，制定的方案是否能满足相关指标要求，方能交付实施。

②“监测”可作为海绵城市后期验收审核的依据。但由于海绵城市建设所涉及的相关项目周期较长、部分仪器价格较高等因素，当前阶段的试点建设大都只能在前期划分片区的主要出流口安装监控设备，获取相关数据以评定项目在雨洪控制、水质处理等方面的效益。

③在未来，结合适宜密度及空间分布的监测设备网，可通过如利用观测数据集对模型进行训练从而提升前期建立模型的可信度、匹配相关的参数反演机制从而反推真实情况等方法，推动海绵城市建设真正实现信息化、智能化。

6.4 模型演算分析

在海绵城市设计中，常应用相关雨洪模型对工程项目进行分析演算，比较实施相关雨洪管理措施前后各项指标差异，计算校核各项指标是否达到预期目标，常见的模型包括：由美国国家环保局（EPA）开发的 SWMM 模型、由丹麦水资源及水环境研究所开发的 MIKE 系列软件等。

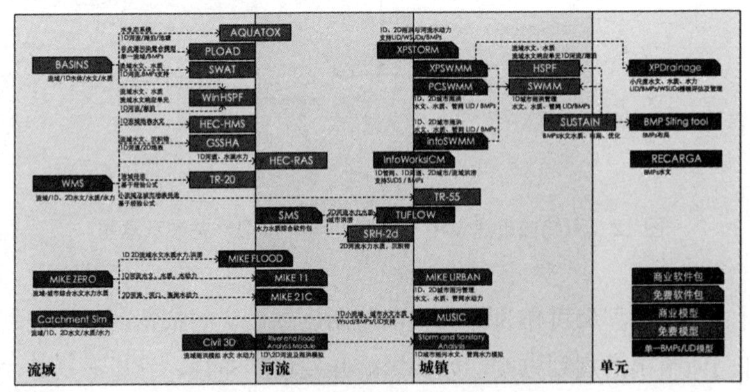

图 13　海绵城市常用水文模型[4]

同时，部分机构企业常基于免费的 SWMM 等模型的水文水力计算模块，附加以中国行业内相关设计规范、海绵城市控制指标等，开发适用于当前中国海绵城市建设的相关前期设计乃至后期监控系统，如清控人居研究院开发的 DigtalWater 等。

6.4.1 1D 计算与 2D 推演

在当前多数工程项目设计中，对于整体项目区域（如将试点区域进行划分后得到的若干汇水分区），主要采用 1D 雨洪模型（管网模型）进行模拟计算。对于雨洪过程的概化，1D 雨洪模型采取的主要策略是将雨水流动概化为雨水在管道中的流动，通过求解一维圣维南方程等水力学方程计算如流速、出口流量、洪峰来临时刻等。通过 1D 模型，可以大致分析管道合理管径、内涝风险区域，但无法较为精确地反映内涝点的实际分布。以 SWMM 模型为例，SWMM 将道路概化为由两端节点确定的明渠，其相应的模型求解结果（如积水深度等）针对于已定义的节点给出，故模型仅能预测两端节点是否出现内涝现象（Flooding），而这显然与实际情况存在较大差异。

故在 1D 模型的基础上，常对于具有明显 2D 流动特征的区块（如十字路口、广场等）、由 1D 模型分析获得的内涝区等小区块引入详细的地形数据、管网数据等，构建 2D 模型，预测内涝点的具体分布，模拟洪水于二维情况下、更接近于真实情况的推演过程。但随之而来的将是模型模拟时间的大幅度增长。据清控人居研究院相关负责人反映，结合类似项目的应用经历，2D 模型运行时间普遍为 1D 模型运行时间的数十倍乃至百倍。

6.4.2 集总式模型与分布式模型

（半）集总式模型将汇水分区视为均一整体，对相关参数作均化处理。以 SWMM 模型为例，SWMM 模型以子流域（Subcatchment）作为最小的水文响应单元，对于每一个子流域内部，如坡度、不透水率、下渗蒸散发模型及其相关参数等输入参数都是相同的，通常结合 GIS 的空间分析功能，统计相关参数在每一个子流域空间上的均值，作为最终参数输入模型。受划分精度限制，该类模型无法有效地反映相关地理特征在空间上的连续性变化，进而限制相关水文过程的抽象表达（如 SWMM 模型将 1 个子流域单元简要概化 1 个非线性蓄水库，对于每一个子流域单元指定一个固定的出水口以描述该子流域产流过程），影响最终模拟计算结果。但由于此类模型简便易用，故常被用于当前海绵城市相关工程项目模拟演算。对于此类模型，需结合历史水文观测资料，对于每个子流域上的均一化参数作参数率定，使之尽可能贴近真实情况。同时，此类模型往往存在较多“重复定义”的参数，在参数率定过程中，易造成重复调节乃至无限循环的情形，需要引起注意。

而随着“3S”技术的发展，考虑时空变异性、以城市水循环物理机制驱动的分布式水文模型将成为未来城市雨洪过程模拟的重要力量。分布式水文模型从城市水文循环的子过程（如蒸散发、土壤水、地表径流、地下径流、坡面汇流等）入手，对于流域进行离散化、分层化，常基于空间的拓扑关系，由离散得到的各网格单元（子流域）的水文过程（如出口断面流量等）演算整个流域的水文过程。较集总式模型而言，分布式水文模型将能够更好表现地表水文过程、社会水文循环等水循环过程。但由于目前城市空间地理信息不完备等基础条件影响和模型本身的尺度转换、非线性特征等模型内在问题，分布式水文模型仍无法较好地应用于当前的海绵城市建设。

6.4.3 其他因素

当前的海绵城市模型分析将更多计算重点放在流量、积水深度等关于城市洪涝问题相关的部分物理量上，且多数项目效果评价模块仅以《指南》中给出的计算方法进行操作，会造成对于部分雨洪调蓄过程的忽视。

以年径流总量控制率该评价指标为例，《指南》强调了相关低影响开发设施（如生物滞留设施、透水铺装、绿色屋顶等）在雨水调蓄与滞留方面的计算方式，却未对“自然海绵体”——河湖水系等在年径流总量控制率方面的贡献做出详细（定量化）说明；同时，部分模拟软件中也未对于如城市湖泊、湿地等建立专门的对象，描述其在水循环体系中所拥有的如调蓄雨水、调节城市温度、净化水质等独特意义，对其雨洪调蓄效果做了一定的简化，如 SWMM 中将湖泊等自然水体简化为储存单元（Storage），即仅能存蓄一定量雨水的单元，进行相关计算处理。

同时，通过与清控人居研究院相关设计师的访谈，我们了解到，当前海绵城市建模过程中，关于水质方面（如径流污染削减、河道水质等）的模拟分析是一个热点问题：目前，常用的非商用软件模型仅能基于较为粗略的假定进行分析计算；而商用软件模型多面向于单一场景（如绿地、街道、森林公园等）的水质模拟分析，其推广泛化能力乃至同其余常用工程软件的交互性（如文件格式支持等）较差，仍有较大改善空间。

6.5 工程效益分析

6.5.1 经济角度

对于一个海绵城市建设项目，在满足雨洪调控目标的前提下，可以适当优化相关雨水设施的选择，降低工程造价。《指南》附录中给出了部分低影响开发设施单价估算（北京地区），结合部分工程实例来看，其中部分设施参考价格估算过低。

以其中的透水材料（透水砖、透水混凝土及透水沥青）为例，在《指南》中提出的透水铺装单位造价为 60～200 元/m^2，但实际工程中的透水材料成本普遍为 300～400 元/m^2。诚然，考虑试点建设过程打造示范性工程等因素，工程项目倾向于应用较为优质的建筑材料以达到较好的雨洪调蓄效果，但考虑未来的城市将有可能需要大规模地应用雨水设施，相关设施的参考价格仍必要结合针对性的调研，建立相关数据库，做出进一步调整，以便后续推广类似工程时的经济性分析。

表 2 《指南》关于低影响设施参考价格

低影响开发设施	单位造价估算/（元/m²）
透水铺装	60～200
绿色屋顶	100～300
狭义下沉式绿地	40～50
生物滞留设施	150～800
湿塘	400～600
雨水湿地	500～700
蓄水池	800～1 200
调节塘	200～400
植草沟	30～200
人工土壤渗滤	800～1 200

表 3 全国各地部分海绵城市建设项目低影响设施成本

项目		低影响开发设施及其成本/（元/m²）				
地点	项目名称	透水材料	雨水花园	下沉式绿地	绿色屋顶	生物滞留设施
西咸新区	康定和园	312.38	222.36	—	—	—
萍乡	萍乡市建设局与总工会小区	424	358	332	—	—
济南	鲁能领秀城十区	250	500	200	—	—
南宁	五象山庄酒店区域	120	—	40	200	500
厦门	洋唐居住区	300	600	450	700	550
昆山	江南理想小区和康居公园区域	—	350	—	—	950
武汉	临江港湾社区	513	480	—	—	—
池州	齐山大道及其周边区域	382	411	—	—	—
重庆	国博中心	600	950	—	—	—
遂宁	复丰巷小区	300	—	—	—	—

就目前情况，结合多数工程项目造价来看，海绵城市建设项目，尤其是新建区项目，并未有出现明显的成本提升。考虑雨水回用、减缓洪涝灾害带来经济损失等因素，从长远角度而言，海绵城市建设将带来正面的经济效益。

6.5.2 景观角度

从目前海绵城市相关设计系统来看，多拥有如管道计算模块、低影响开发设施调蓄计算模块、成本核算模块、监控反馈模块、项目进度跟进模块等，但缺乏面向景观设计者的设计交互模块，可考虑通过 SketchUp 等设计草图二次开发的模式，于相应的设计系统中，直观地反馈出设计景观效果，而后通过相关设计参数的限定，进入后续的雨洪调蓄计算环节，实现景观设计与给排水计算之间的高效互动。

海绵城市建设过程中，伴随着“水生态、水环境、水资源、水安全”这四大水问题的缓解甚至解决，人水关系逐步协调，曾被钢筋水泥侵占的城市因水的柔性调节而日趋宜居，大大小小的海绵体以雨水花园、公园湿地等形式具体地呈现在人们眼前，使人们乐于融入与水相处的氛围中。

正如参与常德市海绵城市建设的彭赤焰先生曾指出的，“人还是在穿布衣服，但布衣服比以前更好了”，“海绵城市”让人与水重回过去彼此相处的状态，无论是抛弃水泥路面以促进水回归它真正应去的地方，还是直接开辟专门的洪泛区以彻底地与水为邻——我们回到了最初的方式，但绝不是那个曾被滔天洪水所掌控的时代。

曾经的我们惧怕水，修建堤坝以抗拒水，大造管渠以疏引水；现在的我们选择亲近水，于宜人的景色中再次邂逅水，欢迎它融入城市与我们的圈子中。

7 智慧化城市雨洪管理系统展望

7.1 从 SWMM 出发

作为简单实用的开源软件，SWMM 科学计算部分源代码 SWMM_engine、数据接口 SWMM_iface、图形用户界面代码 SWMM_gui 均可在 EPA 官网下载。其中，基于 Visual Studio 平台，SWMM_engine 可由用户通过 C/C++进行进一步编译以增进 SWMM 水文水力计算方面的功能及效率，最终生成相关 dll 文件以封装其中计算代码，而在后续应用过程中可通过调用 dll 文件的方式实现 SWMM 所涉及的计算功能，通过数据接口文件中提供的 GetSwmmResult 函数可实现模型计算结果的输出，从而满足如 Matlab 等规划分析模块和由用户编写的程序文件分析需要，使 SWMM 与实际应用高效结合，其过程如图 14 所示。

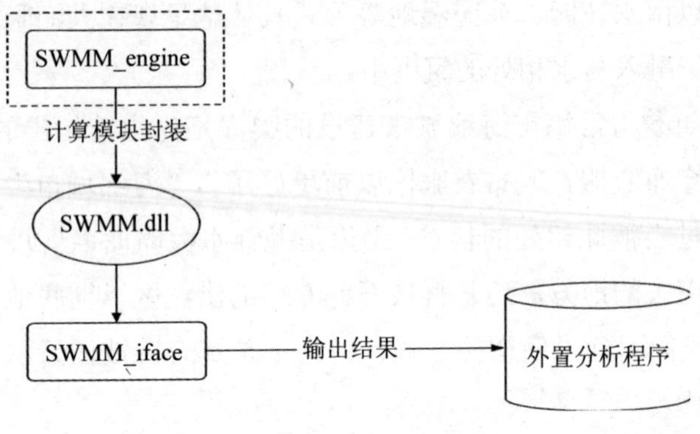

图 14 SWMM 二次开发流程

7.2 基础信息建库

在智慧海绵城市建设过程中，完备的数据库建设显得尤为重要。在前文所提及的城市气象资料、基建资料、城市发展相关统计资料之外，面向智慧化的海绵城市基础信息库可包含关于地方海绵城市建设方面的资料，如同相关雨水设施供应商对接的工程造价、对于典型地块特征设计者给出的海绵城市设计方案、对于已建成海绵城市项目的专家评价、相关海绵城市项目的负责小组等。

通过上述基础信息库的建立，将使得海绵城市建设：①透明化，通过统一的数据库将海绵城市所涉及的利益相关方紧密连接，与工程相关的各项操作得以通过一个集中平台进行实现，杜绝灰色角落的出现；②智能化，如在拥有一定数量的项目实例的基础上，可以对项目所涉及的地块进行参数化表达（如区域渗透性、坡度、人口密度、土壤性质等），以该项目工程造价、雨水设施选用等为因变量进行多元统计分析，预估新项目的实施难度及可能方案等，为海绵城市决策规划提供支撑。在未来，有希望结合人工智能等技术，完成对于特定项目地块的自动规划设计。

但上述过程仍存在一定技术障碍，如对于部分信息的结构化、参数化表达（如工程设计方案等）、项目数量乃至资料的局限（海绵城市在中国开展时间有限，诸多地方城市的统计资料存在不同程度的缺失）等，仍需在未来通过遥感、无人机、数据挖掘等技术工具做进一步的突破。

7.3 原始地块评价

通过前文所提及的基于 GIS 软件的时空分析及基于相关模型的水文水力分析，对于一个海绵城市项目地块可生成相关评价结果，可考虑将其作为基础信息库的输入变量。

对于原始地块进行预先评价有利于有的放矢、因地制宜的海绵化方案的形成。正如在本文 6.1.5 节提到的，在当前的海绵城市建设中，倾向于进行流量控制和体积控制；而在实际工程建设中，如何迅速获取在项目地块中存在的流速过大、长时间积水的“雨洪风险点”，模型的计算模块与 GIS 的可视化呈现之间的耦合为此类问题提供了一种可行方案。以 SWMM 与 ArcGIS 为例，基于特定时间步长（如每隔 5 min），将 SWMM 的各节点水深、流速等计算结果输出，并将其反映在 ArcGIS 的地图部分，将各时刻的 GIS 输出图片进行叠合以生成动态图片，可向决策者直观展现在一场特定降雨下项目地块的雨洪过程。

同时，类似的雨洪计算模块将成为智慧化海绵城市的核心环节，而围绕其所展开的关于小流域水文水质模型构建、水力学方程计算效率提升等问题的探讨也将一直贯穿在海绵城市建设的始终。

7.4 海绵城市格局

在前文所提及的海绵城市规划设计流程之外，如何在前期分析、设计规划、后期宣传等海绵城市建设全过程中，让海绵城市整体格局及调控效果在景观设计者、城市规划者乃至社会公众等群体面前得以更为直观真实的效果呈现，将成为又一值得思考的问题。如在未来，有希望结合 AR 技术，结合相关水文水力计算模块，可预测雨洪推演过程及其破坏程度，并赋予其更逼近真实的模拟呈现；在适宜场合，结合 VR 技术，让公众得以近距离感知海绵城市，在愉悦的感官体验中形成对于海绵城市较为完善的认知。

7.5 信息处理机制

在智慧海绵城市的构建过程中，城市雨洪管理系统将获得海量输入信息，其中应包括：如管道流量、污染物浓度等物理化学信息，民众意见建议、专家打分等社会信息——大数据的来临为项目评价提供了多渠道、多分类的信息来源；而如何弥补目前相关试行版文件评价方案的不足，通过海量信息输入，实现对于具体海绵城市工程项目这一多目标规划问题的客观评价，将成为未来需要思考的首要问题。

上述机制的形成将有效促进智慧化海绵城市建设过程中的反馈环节，为城市雨洪系统的更新优化提供长足的动力。

8 总结

本文以四川省遂宁市海绵城市建设为例，结合实践支队实地探访经历，分析如船山区复丰巷小区、河东新区联福家园、河东新区芳洲路等地方优秀海绵城市工程项目所蕴含的设计方法及项目理念。

面对当前海绵城市相关建设指南亟待完善、各试点城市正处于“探索期”等现状，在总结已有项目经验的基础上，实践支队结合前期文献调研、过去实践科研经历、行业人物访谈等，从基础资料收集、基础情况分析、总体方案构建、分区方案细化、工程效益评价五大方面分析归纳一般性的海绵城市设计思路，并在此过程中结合国内外部分案例及实践方法，就如海绵城市前期地形分析、“源头—过程—末端”方案构建、雨水设施调蓄能力计算、水文水力模型选择等具体问题提出了可操作的方法及支队自身的反思意见，提倡在未来的海绵城市建设中引入统一化的模型和系统，促进海绵城市过程中的城市信息结构化、设计过程可视化、计算过程高效化、政府办公一体化、项目运营透明化。

同时，支队就智慧化海绵城市建设，结合当下高速发展的遥感、大数据、人工智能、VR/AR 等技术方法，提出了关于在城市基础信息统一建库、雨洪推演过程实时重建、典型地块自动规划等方面的展望。

结合实践支队在山东济南、陕西西咸新区、湖北武汉、福建厦门等地的调研经历，支队深切感受到，“海绵城市”“智慧城市”等新兴城市理念的强力推行将为中国城市的转型发展带来一次宝贵的契机——城市生态环境的改善，城市地理信息的跟进完备，城市部门间“信息孤岛”的消除……与此同时，它们将有可能推动中国的土建事业迈开新的一步，引发不同层面的技术更新甚至革命——同社会科学、电子信息等学科的交叉，建筑信息模型（BIM）、人工智能、基于城市发展的数据科学等技术的引入……

然而，发展的背后离不开脚踏实地的奋斗。城市的规划设计者们需要在此过程中坚守“行胜于言”的作风，走实干道路，做民心工程，努力将各项技术的发展及其应用落到实处，真正推动城市面向未来的健康发展。

参考文献

[1] 住房和城乡建设部. 海绵城市建设技术指南——低影响开发雨水系统构建（试行）[S].2014.

[2] 罗兵. 遂宁市城市环境地质研究[D]. 成都：成都理工大学，2008.

[3] 张大伟，赵冬泉，陈吉宁，等. 芝加哥降雨过程线模型在排水系统模拟中的应用[J].给水排水，2008，44（S1）：354-357.

[4] 蔡凌豪. 适用于“海绵城市”的水文水力模型概述[J]. 风景园林，2016（2）：33-43.

除砷慢滤池在山西平遥的效果改进及潜在推广地区调研

——“清源”赴山西平遥慢滤池搭建及水质调研支队实践成果报告[①]

1 实践背景与目的

1.1 项目简介

“清源”农村饮用水安全关爱项目于 2011 年启动，先后在宁夏、甘肃、山西的多个农村地区开展实践活动，旨在通过志愿建造低成本慢滤池以解决农村地区饮用水砷、氟污染的问题。目前该项目以山西平遥及周边为重点应用地区，已协助建设 1 200 余座除砷慢滤池，为众多村民提供获得安全饮用水的途径。近年来，我们在已有滤池的基础上进行改进，以科学研究为依托，尽可能地提高滤池的除砷效率，并进行砷、氟共除慢滤池的研发。

整个项目得到当地大学的积极配合，又与国外大学合作，并极力调动清华留学生，更成功入驻清华创客空间，开启创新创业之路，是一个综合了实践、志愿、文化交流、学术、创业等多领

---

① 作者：曹逸宁（清华大学环境学院 2015 级本科生）、崔小凤（清华大学环境学院 2016 级本科生）、秦牧涵（清华大学环境学院 2016 级本科生）。

域全面发展的成熟项目。

2017 年 7 月 20—28 日，清华大学环境学院清源慢滤池支队的 2017 年暑期实践在山西省平遥县顺利完成。本次实践由“清源”协会支持，会长曹逸宁带领，理事长胡外外（Allen）指导，来自清华大学环境学院、生命科学学院、机械学院，太原理工大学以及南京信息工程大学共 30 名同学一起参加了实践。

本次实践就是在以往“清源”慢滤池实践的基础上继续展开一系列的工作，对以前搭建的慢滤池进行检修，同时对除氟慢滤池的进一步优化进行实验，在当地也进行了拓展性的调研工作。

1.2 实践背景

高砷地下水广泛分布，全球 70 多个地区近 1.5 亿人口不同程度地受到其影响。我国原生高砷地下水主要分布于山西大同盆地、内蒙古河套平原、新疆及台湾等地区，共约 1 850 万人口受到高砷地下水的影响。而地下水的氟污染问题也同样不容忽视，据统计中国饮用高氟水的人口有 5 000 万人左右。

作为城市居民，由自来水厂统一供给安全饮用水，通常感受不到砷、氟的危害。但在很多缺水的农村地区，由于受到水源水供水量和管网铺设成本等因素的限制，他们的饮用水主要来源于地下水，村民负担不起昂贵的统一净水设施的费用，“把水烧开”成了他们唯一的净水措施，在山西等地，地下水受到砷、氟的复合污染，由于缺乏净水措施，角质炎、氟骨病、牙齿变黄等问题已普遍存在于当地村民中，严重影响了村民的健康。

针对这一现状，2011 年由清华大学环境学院的三位研究生发起，自主研发了通过铁钉吸附和沙滤高效低成本去除水中砷的慢滤池，在 2015 年通过长达 6 个月的对比实验，确定了 NIS（Nails

In Sand）慢滤池能够达到最佳吸附功能。

2015—2017 年，我们将这一科研成果应用于山西平遥地区，为上千户家庭提供了安全的饮用水，通过水样采集分析不断进行慢滤池的改进和机理探究，并在 2017 年年初开始的砷、氟共除慢滤池的研发。

1.3 实践目的

①2017 年暑期实践前期，我们结合“五一”实践中第一批试点除氟慢滤池反映出的问题，在实验室根据出水检测结果进行骨炭和氧化铝两种吸附材料的一系列控制预实验，进一步改进除氟慢滤池，并提出几种可行的方案，进行下一步的吸附柱实验和慢滤池模拟实验的设计。

②7 月 20—28 日，联合太原理工大学 BSF 协会，完成对 2015 年第一批在梁家堡村搭建的慢滤池的沙子和铁钉的更换，完成 2017 年寒假在新建村搭建的慢滤池的维护，并取沙样和铁钉样带回实验室进行砷含量的检测。

③完成对平遥县西边部分村庄水井水样的补测和东边、南边、北边典型村庄水样的采集、水井定位、井深调研和各村庄中村民反应的水质问题的调研，为构建山西省地下水水质地图提供数据基础。

④对已搭建家庭的慢滤池使用情况和出水情况、村民搭建慢滤池的意愿及饮用水安全意识进行了调研，并结合村民反应的问题进行解决方案的探讨。

1.4 项目亮点

（1）将科研与实践结合，切实解决农村环境问题

我们将 2015 年 3—8 月的实验结果写入了目前已由科学期刊

Chemosphere（影响因子 3.34）发表的文章中，并由此确定 NIS 除砷慢滤池结构。在之后的实践中，我们不断进行慢滤池的改进和机理探究，从现有的结果来看，新建造的慢滤池能够将水中砷浓度从 200～300 μg/L 降低至 3～5 μg/L，效果非常理想，为实验用户提供了无砷安全水。且慢滤池的建设具有当地取材、成本低的特点，具有在农村推广的价值。

（2）充分调动各方力量，社会影响力大

①本项目已获得太原理工大学和南京信息工程大学的持续支持，每次实践都有这两所学校的同学参与，完成慢滤池的搭建和水样采集工作，目前已解决 1 200 余户人家的饮用水安全问题；②与麻省理工 MyH2O 组织建立联系，共同完成更全面的水质调研和水质地图的构建；③经过山西电视台、山西青年报等媒体的报道，山西省政府、企业界及公益人士更加重视山西农村地区地下水的重金属污染问题。

（3）引进国外技术，带留学生入乡，增进中外交流

我们一方面积极引进国外技术，获得了国外高校组织和研究人员的关注，2016—2017 学年与美国密歇根大学、麻省理工大学和英国牛津大学有实践和科研上的合作。与密歇根大学联合开展了除氟慢滤池方向的研究，并组织了"'五一'平遥慢滤池实践"；与英国牛津大学在 2017 年暑假进行主题为农村水资源管理的社会调研。另外，为促进留学生对农村的认识，每周带留学生进村参与搭建慢滤池、取样等工作，让留学生亲身体验农村相对落后的基础设施，与农村居民进行互动，使他们认识真实、全面的中国。

（4）定期回访，持续关注

本项目不仅在暑期组建支队进行实践活动，还充分利用周末、

“五一”等节假日进行回访，一方面采集当地和周围村庄水样，针对水质检测结果，结合实验不断对慢滤池进行改进；另一方面根据慢滤池的出水情况，为村民更换沙子和铁钉层，保证慢滤池的出水效果。

2 往年实践成果介绍

2.1 项目概况

鉴于山西平遥地区的地下水砷污染较严重，我们近期的项目（2014 年至今）选择在山西平遥进行。项目包括 2014 年 11—12 月的水质调研，2015 年 3—7 月的实验检测，2015 年 8—9 月的慢滤池搭建，和 2016—2017 年的不断回访、维护、改进和水质调研。

在 2014 年的调研中发现平遥梁家堡村的水井中水砷含量接近超出世界卫生组织规定标准（10 μg/L）20 倍。同时我们注意到砷含量超标的问题并不伴随有水质感官物理性状（嗅和味、色度、悬浮颗粒物等）的改变，因此虽然砷超标问题严重影响了村民的健康，但并没有引起村民重视，他们更愿意使用低成本、最简单的净水方式（如直接把水烧开）。

在实验测试阶段，我们共尝试了 7 种不同类型的铁钉和沙子混合的慢滤池，以便决定哪一种的实际除砷效果最好。我们发现自己研发的一种慢滤池（基于现有的慢滤池结构，加上的沙子和石子的使用）是 7 种方案中唯一一种可以长期有效控制出水砷含量在 50 μg/L 以下（农村安全饮用水标准）的方案。于是将这种设计的慢滤池在 60 户人家进行实验搭建，之后，我们又通过不断的回访和水质检测确保慢滤池的出水水质达标。

目前我们仍在做一些拓展的工作，除了对原有慢滤池进行维护，我们已开始培训村里的部分人自行搭建慢滤池，现有 13 台慢滤池为村民自行组织搭建。我们还对周围的一些村庄进行水质调研，希望慢滤池惠及更多受饮用水砷污染的村庄。

在 2017 年的实践中我们发现了当地氟污染的问题，目前正在进行除氟慢滤池的构建工作，希望同时为村民解决砷、氟污染的问题。

2.2 项目进程

2014 年 11—12 月：调研，在梁家堡村进行水质测试。

2015 年 3 月：组织两次慢滤池搭建实践，一共建设了 6 台慢滤池用于实验。

2015 年 7 月：慢滤池出水检测。

2015 年 8—9 月：搭建约 65 台慢滤池。

2015 年 4—12 月：太原的志愿者进行的水样采集工作，随后进行了 4 次采样实践。

2016 年 3 月：组织实践对当地问题进行确认，并采集水样。

2016 年 5 月：在周围村庄采样，调研周围村庄的水质供给状况，并采集水样。

2016 年 8 月：①为梁家堡村几乎所有的慢滤池更换铁钉；②组织对平遥西边 20 多户村庄的水样采集，结果显示很多村庄水质的砷、氟含量超标。

2016 年 9 月—2017 年 5 月：继续组织实践，对换过铁钉的慢滤池进行跟踪采样。结果显示，换铁钉的方法一开始对于出水效果是有效的，但是其除砷效果在 3 月之前耗竭。

2017 年 1 月：开始在别的村庄拓展慢滤池项目。在新建村、东张赵村、西张赵村各搭建了 3 台慢滤池。在之后的实践中会对水样和铁钉样进行检测。

2017 年 5 月：①在新建村搭建了 4 台实验慢滤池（除氟）。与常规的 NIS 慢滤池不同，这些慢滤池含有碳酸钙或氧化铝层，并且村民们被要求向慢滤池中加醋来调低 pH。尽管砷的去除效果较好，这些慢滤池在除氟方面并不理想。②对平遥县东边的村子进行了调研。

2017 年 7 月：①进行预实验，进行除氟慢滤池材料（骨炭、氧化铝）的摇瓶吸附和静态吸附控制实验，并选择骨炭的为实验材料进行了模拟实验，实验室效果理想；②在梁家堡村更新了 59 台慢滤池，对第一个桶换了沙子和铁钉；③对南边、北边、东边的村子都进行了水质调研，目前的结论是：东边和南边的村子都处于丘陵地区，并多数使用深水井，水质良好，西边和北边的村子则水质较差；④在实地搭建除氟慢滤池的方案失败，由于使用骨炭吸附后，出现出水水质变黄、有异味的现象，且无法确定出水的氟含量，计划进行进一步实验。

3 实践任务及安排

3.1 慢滤池重建任务

梁家堡的慢滤池大多数在 2015—2016 年完成搭建，虽然其中部分慢滤池在搭建至今进行过维护（更换铁钉）但仍面临着出水慢、吸附砷效果下降的问题。

本科生 SRT 项目的初步结果显示，铁钉中吸附的砷远远小于慢滤池实际达到的除砷效果，因此滤池的沙层中的应该也吸附了大量的砷。

本次实践计划对梁家堡的慢滤池进行更换，从而保证出水的速度和出水效果。

3.2 重点慢滤池样品采集

3.2.1 对除砷效果较好的慢滤池进行水样、沙样、铁钉样的样品采集

采样目的：

①通过跟踪分析这几台慢滤池的除砷情况，进一步研究慢滤池的使用寿命；

②通过对沙样、铁钉样的含砷量等物理化学属性的分析研究慢滤池除砷的机理，为慢滤池除砷效果的改进提供理论依据.

表 1 采样清单

慢滤池编号	搭建日期	铁钉处理方式
4	2016 年 8 月 7 日	清洁
23	2016 年 8 月 6 日	清洁+醋泡 25 min
26	2016 年 8 月 7 日	清洁
33	2016 年 8 月 6 日	清洁+醋泡 25 min
73	2016 年 8 月 7 日	清洁+醋泡 30 min

注：本表删去了户主名称和联系电话。

3.2.2 “五一”期间在新建村、东张赵村、西张赵村搭建的慢滤池进行水样的采集

采样目的：对出水的砷、氟含量进行跟踪检测。

3.3 周边村庄水质调研

之前的调研主要局限于平遥县北边的村子，我们希望在本次实践中对平遥县其他村子的水样进行采样和检测，一方面对平遥的水质有更深入了解，另一方面希望能通过获取更全面的数据为构建平遥县水质地图，以及研究团队建模分析提供数据支持。

3.4 实践安排表

表 2　实践安排

时间	任务	参与人员
2017 年 7 月 2—18 日	进行除氟慢滤池材料（骨炭、氧化铝）的摇瓶吸附和静态吸附控制实验	慢滤池支队成员曹逸宁、胡外外、秦牧涵、孙奕生、吴效晋、朱自煜参与实验 环境学院魏才倢、何柳、王智学姐指导实验
2017 年 7 月 20 日	抵达山西平遥，并购买搭建慢滤池所用材料	全体支队成员
2017 年 7 月 21 日	上午：到达梁家堡，考察慢滤池板结情况，确定重建计划并完成梁洪刚家慢滤池的重建	清华大学全体支队成员
	下午（分组完成）：①调研慢滤池使用情况和搭建意愿；②走访南侯村、北侯村、苏家堡水井采样	
	前往新建村、东张赵村、西张赵村采集新建慢滤池的进出水样	太原理工全体支队成员
2017 年 7 月 22 日	与太原理工分成 9 小组，在梁家堡完成 19 台慢滤池的更换	全体支队成员
2017 年 7 月 23 日	与太原理工分成 9 个小组，在梁家堡完成 22 台慢滤池更换	全体支队成员

时间	任务	参与人员
2017 年 7 月 24 日	分成三组：①采集缺失水样（6 人）；②漏水慢滤池维护和除氟装置实验（2 人）；③采集梁家堡井水水样及苏家堡东和南井水样（5 人）	清华大学全体支队成员
	前往东边村庄进行水质调研	太原理工全体支队成员
2017 年 7 月 25 日	分成四组分别前往段村、卜宜乡、岳壁乡、东泉镇（均为南边村庄）采集井水样	清华大学全体支队成员
	在梁家堡村继续完成慢滤池的更换任务	太原理工全体支队成员
2017 年 7 月 26 日	三组留在梁家堡村完成三户人家慢滤池的更换工作；一组（秦牧涵、孙奕生）前往新建村进行寒假慢滤池的维护工作	清华大学全体支队成员
2017 年 7 月 27 日	五位成员（曹逸宁、胡外外、秦牧涵、刘路正、周亮）前往新建村解决未完成慢滤池更换的一户人家；其余成员进行数据汇总及所采样品的清点、打包、邮寄	清华大学全体支队成员
	进行北边村庄的调研	太原理工全体支队成员
2017 年 7 月 28 日	返程	全体支队成员

4 牛津大学实践调研团情况反馈

4.1 实践团介绍

牛津大学“饮用水政策与管理”研究学者 Catherine Julia Arnold 于 2017 年 6 月 26 日—7 月 2 日在山西省平遥县梁家堡村完成了为期 8 天的实践调研，并在 7 月 12 日与支队长进行了访谈。在访谈的过程中，Catherine 向我们反映了一些调研到的新问题和建议，对本次实践有重要的指导意义。

山西梁家堡的慢滤池是“清源”最早建成的一批慢滤池，Catherine 希望在我们的组织重建之前对这些慢滤池的进行使用情况和性能的系统调研。

该实践团由 Catherine 带领 7 名清华大学的本科生组成，7 名本科生由清源协助 Catherine 在学期 2017 学年学期中完成招募。经过实践前三天的培训，实践团在山西省平遥县梁家堡村完成了实践调研。

4.2 部分实践调研内容及意义

（Catherine 的调研覆盖范围较广，本文仅选取与本次实践相关内容）

（1）慢滤池使用周期问题

通常慢滤池在 6 周的使用时间内能够保证其使用效果，但长时间的使用后，慢滤池对于水中砷的去除率降低，且不同慢滤池对于砷的去除效果不同。

Catherine 在之后与我们的交流中也提起过两个问题：①影响慢滤池去除效果的因素；②慢滤池对于砷的去除效果随时间的变化情况。而这两个问题也正通过本科生 SRT 项目进行不断的研究，希望能够尽早得到明确地答案，从而为慢滤池的长期运行提供更科学的实施方案。

（2）慢滤池使用和维护情况

目前慢滤池的维护主要依靠梁家堡村太原理工大学的梁洪刚及其父亲负责，主要解决慢滤池出水慢及管件漏水的问题。

通过调研 Catherine 向我们反映有少部分家庭已停止使用慢滤池，主要问题在于长期使用后慢滤池出水慢。针对这一问题，在接下来的实践中也安排了相关的调研。

（3）微生物污染问题

之前的实践中，我们主要关注慢滤池对当地地下水的除砷效果，而没有考虑微生物的问题。

Catherine 通过对 20 户安装有慢滤池的家庭（实验组家庭 Mini-NIS-filter Group）及临近实验组但不安装慢滤池的家庭（控制组家庭 Control Group）进行出水（村民的最终饮用水）大肠杆菌数的检测，发现慢滤池的使用存在增加出水大肠杆菌污染风险的问题，并提议我们在下一步实践中对此展开进一步调研。

由于我们无法在实践前获得大肠杆菌的测试试纸，无法定量地选取家庭测定大肠杆菌数，但也在 Catherine 的建议下展开进一步的调研。

4.3 新发现的问题

①慢滤池存在闲置的情况，其长时间使用后出水慢而影响村民正常生活取水的问题应引起关注；②通过大肠杆菌的检测发现部分出水存在微生物污染的问题，对此需进行进一步调研。

5 慢滤池重建工作

5.1 慢滤池重建工作前期考察

考虑到慢滤池的重建工作需要对慢滤池中原来的沙子和铁钉进行整体更换，而经过若干年使用后村民家中慢滤池的沙子和铁钉可能出现了板结的情况。因此我们打算先选择其中一户人家（梁洪刚家）的慢滤池尝试更换，以便对过程中遇到的可能问题做统一处理。

2017 年 7 月 21 日，实践支队到达平遥的第一天，我们在梁家堡村梁洪刚家查看慢滤池中填料的理化状态。梁洪刚家慢滤池修建于 2015 年夏天，挖出具有除砷作用的沙子后，我们发现大部分粗沙、细沙都已经变成了灰黑色，散发着刺鼻的气味。

支队技术指导 Allen（清华大学环境学院大四学生）认为沙子已经基本吸附饱和，铁锈（主要成分是厌氧条件下产生的 Fe_3O_4）中含大量砷且使沙子呈现黑色。因此要使慢滤池能够继续保持良好的除砷效果，就要对 2015 年第一批修建的慢滤池进行重建。梁洪刚的父亲在村中比较有威信，在他的劝说下许多村民决定参与重建慢滤池。

在挖出沙子和铁钉的过程中，虽然内容物有一定的板结现象，但并不如我们想象中的严重，预计将第一个慢滤池桶中的内容物清理后重建，对于一组（3～4 位）同学，大约 3 h 以内完成。

考察了更换慢滤池的必要性和可行性后，我们对支队的同学进行分组，并在之后的实践中，以组为单位到各户人家进行慢滤池的重建和水样、铁钉样、沙样的采集工作。

表 3　支队分组

组次	组长	组员
1	曹逸宁	张硕文、刘路正、周亮
2	胡外外	李泽峰、陈梅
3	孙奕生	朱自煜、崔小凤
4	秦牧涵	吴效晋、董开鑫、李鑫

5.2 梁家堡慢滤池重建工作

2017 年 7 月 22—26 日，我们和太原理工大学的 15 位同学分头进行慢滤池的重建和水质调研，一共完成了梁家堡村 59 台慢滤池的重建。

粗沙、细沙、铁钉等原料统一放置在梁洪刚家的庭院中，每天清晨由梁洪刚的父亲在村中发布广播，召集有意愿更换慢滤池的家庭派人来取走原材料，并带领一组同学前往村民家中重建慢滤池。

慢滤池的重建主要分为以下几个步骤：

①废料清除：将慢滤池除砷小桶中吸附饱和的沙子和铁钉全部挖出（挖到细石子层为止），装入塑料袋并做后续处理，防止其污染土壤。

②出水管维修：将石头层倾斜露出出水管口，清洗出水口并清除管内异物。拆下后查明漏水原因，或更换垫圈，或调整螺母松紧。螺母不应旋得太松或太紧——太松易漏水、太紧则易脱扣。放平桶使石头层没过出水口，防止沙层中沙子进入。这一步对于不漏水的慢滤池可以省去。

③填料清洗：将村民提前从梁洪刚家取来的适量粗沙、细沙和铁钉用水清洗（新建村的慢滤池均为新修建，只需要解决漏水问题，故不必带去新填料）。粗沙洗 4 遍，细沙洗 2 遍，5 kg 铁钉用洗洁精加热水浸泡后洗至无油污（约 5 次）。这一步可与第一步同时进行。若为漏水但填料仍新的慢滤池，则之后直接填第一步挖出来填料。

④填料装填：加水，先铺粗沙，再将细沙和铁钉混合均匀后铺入，最后用一层细沙封顶。每填入一把填料都需要将其抹平。必须遵循的一个原则是填料层不能露出水面，所以装填前加入足够的水。为防止填入后慢滤池太沉无法移动，可先将桶归位再装填。

⑤加水超出出水管高，检验慢滤池是否漏水、能否正常工作后便完成了重建。

5.3 新建村慢滤池维护

2017 年 7 月 22 日，太原理工的同学前往新建村、东张赵村、西张赵村，对我们在 2017 年寒假期间及 2017 年“五一”假期期间搭建的慢滤池进行采样和回访。在与村民的交流过程中，了解到有 3 户人家的慢滤池漏水情况严重，有一家由于此问题已将慢滤池闲置不用。

经过交流后决定在之后的几天中，派支队成员前往新建村，对这 3 台慢滤池进行维护。

7 月 26 日，支队两位成员（秦牧涵、孙奕生）组成的小分队驱车前往新建村完成了其中两台慢滤池的维护工作，由于时间和器材的原因，有一户家庭的慢滤池来不及维修，并承诺次日上午会为该户人家进行慢滤池维修。

7 月 27 日，尽管当地下起了倾盆大雨，我们还是履行承诺赶往新建村对该户人家的慢滤池进行维护。上午，由五位支队成员（曹逸宁、胡外外、秦牧涵、刘路正、周亮）组成的小分队前往建材店购买管件后来到新建村。到达时却发现该户人家恰好有事临时外出，于是我们联系了村长，在村长家将管件和安装方式画成示意图，并与该户人家电话确认。

6 慢滤池使用现状调研

6.1 调研目的

通过了解梁家堡慢滤池目前的使用情况以及村民对慢滤池的安装意愿，进而探究慢滤池的实际使用价值和推广价值。

6.2 调研方式

为充分了解村民使用情况和安装意愿，我们采取了分组走访调研的方式，共分为 4 组走访 63 户，孙奕生、梁洪刚、李泽峰第一组；周亮、张硕文、刘路正第二组；秦牧涵、吴效晋、董开鑫第三组；陈梅、崔小凤、朱自煜第四组。

6.3 调研内容

（1）未安装慢滤池的人家：

①是否愿意安装慢滤池？

②日常使用的自来水是否有颜色、异味、虫子，是否浑浊？

③平时是否将水烧开再饮用？

④喝自来水是否会出现腹泻？

（2）安装慢滤池的人家

①日常使用的自来水是否有颜色、异味、虫子，是否浑浊？

②平时是否将水烧开再饮用？

③现在慢滤池是否还在使用？

④经过慢滤池过滤的水用来做什么，自来水用来做什么？

⑤饮用经过慢滤池处理的水是否会出现腹泻？

⑥在未安装慢滤池前饮用自来水是否会出现腹泻？

⑦目前慢滤池的流速怎么样？一天能接几桶水？

6.4 调研过程

2017 年 7 月 21 日早晨分组，然后开始对村民家进行走访调研，通过直接询问的方式获取信息。其中第一组走访了 15 户，第二组走访了 15 户，第三组与第四组一共走访了 33 户。下午回到客栈后，各组将走访获得的信息分享在微信群中并进行讨论，并于 8 月 4 日撰写调研报告。

6.5 调研结果及建议

通过调研，发现只有较少的村民家中安装了慢滤池，其中安装了慢滤池的人家除少数因装修、搬迁等原因未使用外，其余基本都在使用慢滤池。第一组共走访了 15 户人家，12 户安装了慢滤池（走访一段时间后，我们有意挑选安装了的人家进行走访）。第二组走访了 15 户人家，其中只有 4 户人家安装了慢滤池。第三组和第四组一共走访了 33 户村民，主要分布在村东侧，其中只有 6 户人家安装了慢滤池。有慢滤池的人家基本正常使用无其他问题，无慢滤池但明确表示有安装意愿的有 17 户人家。

通过调研，我们可以发现，许多未安装慢滤池的人家对慢滤池有一定的安装意愿，但其中部分人表示慢滤池的安装费用如果在 100～200 元可以安装（注：慢滤池的安装费用为 260 元）。此外有些人更倾向于购买市场上的净水器，但由于经济原因暂时未能购买。所有的人家都表示会烧开了水再饮用，不存在腹泻的情况。但从水管接出来的水存在有异味、颜色偏黄，而且有红色的线虫和泥的情况，通过初步过滤（用袜子或布条套在管口）出来的水仍有异味，颜色偏黄。

在安装了慢滤池的人家中，所有人做饭都用过滤的水，少部分洗菜也用过滤的水。大部分人的饮用水都是过滤后的水，另有些人家购买了饮水机，饮用购买的矿泉水或者将过滤后的水接到水桶内放在饮水机上烧开了喝。洗衣服都用自来水，大部分人洗菜也用自来水。而慢滤池的流速有差异，部分人家由于对慢滤池进行了清洗、对上层的铁钉和沙子进行搅拌等操作，流速较快。

而在未进行搅拌的人家中，有些慢滤池的流速较慢。据现场判断，慢滤池出现不同程度的堵塞和铁钉层的板结影响了水的流速。安装了慢滤池的村民基本根据使用情况来选择过滤多少桶水，部分人表示一天接一桶水便足够日常生活需要。

根据调研结果，在梁家堡慢滤池的使用情况良好，使用了慢滤池的人家都表示慢滤池确实有一定的净水效果，而许多未安装慢滤池的人家表示愿意安装慢滤池，因此慢滤池项目在梁家堡可以做进一步的推广。

6.6 不足之处分析

（1）调研设计有一些不足之处，随着实践的推广，我们会将调研设计更加完善。

（2）走访调研总结中一些信息未进行精确统计。由于是口头叙述，获得的一些信息较为模糊，如村民表示多少钱以内可以安装等，因此并不能用于精确的统计。

（3）调研的只是部分村民的情况，并不能代表整体，因此获得的信息有一定的局限性。

（4）由于当地方言与普通话有一些差异，我们在调研过程中产生了一些沟通困难，导致了村民与我们的距离感，或许因此遗漏了一些信息。

7 周边村庄水质调研

7.1 调研背景

自 2016 年我们对周围村庄进行水质调研，在之前的调研中主要对山西省平遥县西边的村子进行了水样的采集和监测，通过前期的数据我们了解到平遥县西边的村子中水的砷、氟含量较高。

7.2 调研目的

（1）希望能够走访更多的村子，对平遥县的北边、南边、东边的村子进行水质调研，并对宁固镇中水样再次采样，对比之前的数据，了解当地的水质是否有明显的变化，这对我们分析当地的水质情况，提出更有效的解决方案有重要意义。

（2）还希望通过之后的一系列实践，对更多山西农村地区的地下水进行水质检验，构建水质地图，将我们实际采样得到的数据提供给更多需要的科研人员。目前已联系 MyH2O 组织，希望我们的数据能够为地下水含砷量的建模分析预测提供支持。

7.3 调研过程

我们与太原理工大学的学生分组前往不同的村子进行水质调研。

7.4 调研结果

在本次实践中，我们共对 9 个镇、44 个村庄进行了水样的采集，并于 2017 年 9 月 11 日将样品送到清华大学环境学院水质检测中心。

采样数据记录见表 4。

为了详细记录我们在每一个村子调研的其他信息，我们对每一个采样的村子填写了一张采样信息表（表 5），供之后的实践参考。

表 4　平遥县村庄水质调研状况

所属镇	村名	取样地点	取样日期	取样时间	取样人	经度	纬度	海拔	井深度	感官性状	村民反映	砷含量(μg/L)	氟含量(mg/L)
东泉镇	东泉村（南井）	井水	2017/7/25	10:31	周亮	112° 17′ 22″ E	37° 7′ 10″ N	970m	120m	清澈	良好		0.83
	东泉村（北井）	井水	2017/7/25	10:42	周亮	112° 16′ 42″ E	37° 7′ 28″ N	950m	117m	清澈	良好		0.42
	木瓜村	井水	2017/7/25	11:24	周亮	112° 17′ 37″ E	37° 7′ 39″ N	960m	320m	清澈	良好		
	南湖村	邻近村民家中	2017/7/25	12:59	周亮	112° 16′ 47″ E	37° 8′ 17″ N	910m	150m	清澈	良好		
	遮胡村	邻近村民家中	2017/7/25	13:40	周亮	112° 16′ 55″ E	37° 7′ 52″ N	910m		清澈	良好		0.63
	赵壁村	邻近村民家中	2017/7/25	14:16	周亮	112° 16′ 8″ E	37° 8′ 1″ N	在山上		清澈	良好		
卜宜乡	南石渠村（2号井）	井水	2017/7/25	10:23	秦牧涵	112° 14′ 29″ E	37° 5′ 49″ N	870m	120m	清澈	良好		
	敦坊村	井水	2017/7/25	11:08	秦牧涵	112° 13′ 57″ E	37° 5′ 13″ N	950m	200+m	清澈	良好		
	梁家寨	邻近居民家	2017/7/25	13:30	秦牧涵	112° 14′ 34″ E	37° 5′ 12″ N	1050m		清澈	良好		
宁固镇	苏家堡（东井）	邻近村民家中	2017/7/24	12:39	曹逸宁	112° 5′ 56″ E	37° 14′ 43″ N	740m		偏黄	有腿疼现象		>1.50
	苏家堡（南井）	邻近村民家中	2017/7/24	13:08	曹逸宁	112° 6′ 28″ E	37° 14′ 42″ N	750m		偏黄	有腿疼现象		
	苏家堡（西井）	邻近村民家中	2017/7/21	13:37	曹逸宁	112° 5′ 57″ E	37° 14′ 43″ N	750m		偏黄	水质很差		
	梁家堡（东井）	邻近村民家中	2017/7/24	9:53	曹逸宁	112° 5′ 0″ E	37° 13′ 45″ N	730m		偏黄	水质很差		
	梁家堡（西井）	邻近村民家中	2017/7/24	11:18	曹逸宁	112° 4′ 33″ E	37° 13′ 36″ N	800m		偏黄	水质很差		>1.50
	南横村	邻近村民家中	2017/7/21	12:01	曹逸宁	112° 5′ 2″ E	37° 14′ 31″ N	730m	220m	偏黄	水质很差，希望改善		
	北横村	邻近村民家中	2017/7/21	11:19	曹逸宁	112° 4′ 52″ E	37° 14′ 42″ N	740m		偏黄	水质很差		
段村镇	段村养殖区	邻近村民家中	2017/7/25	10:09	Allen	112° 10′ 33″ E	37° 5′ 23″ N	920m	200m	清澈	良好		0.71
	南常村	邻近村民家中	2017/7/25	11:25	Allen	112° 9′ 53″ E	37° 5′ 15″ N	910m		清澈	良好		
	北常村	邻近村民家中	2017/7/25	12:17	Allen	112° 10′ 6″ E	37° 5′ 45″ N	927m		清澈	良好		
岳壁乡	岳北村（水塔）	岳北中心小学	2017/7/25	9:29	孙奕生	112° 12′ 40″ E	37° 9′ 58″ N	810m		清澈	无		0.71
	岳北供水站	邻近村民家中	2017/7/25	10:38	孙奕生	112° 12′ 46″ E	37° 10′ 8″ N	880m		清澈	水煮开后有白色杂质		0.49
	岳南供水站	邻近村民家中	2017/7/25	12:58	孙奕生	112° 12′ 45″ E	37° 8′ 58″ N	820m		清澈	良好		
	郭幕供水站	邻近村民家中	2017/7/25	14:03	孙奕生	112° 12′ 51″ E	37° 8′ 53″ N	820m		清澈	良好		0.69
	西郭村（水塔）	邻近村民家中	2017/7/25	无	孙奕生	无	无	无		清澈	良好		1.17
	小城村（水塔）	井水	2017/7/25	17:06	孙奕生	112° 12′ 37″ E	37° 11′ 19″ N	790m		清澈	良好		1.00
朱坑乡	辛村	井水	2017/7/24	未记录	龚超凡	112° 33′ 04″ E	37° 16′ 89″ N	未记录	未记录	清澈	良好，两个月前水质浑浊		
	西岩堡村	井水	2017/7/24	10:00	赵威	未记录	未记录	未记录	200m左右	清澈，煮沸后浑浊	良好		
	郝休村	井水	2017/7/24	10:45	王锐	未记录	未记录	未记录	200m	清澈	良好		
	大汪村	邻近村民家中	2017/7/24	10:30	闫伟琪	未记录	未记录	未记录	200m左右	清澈	良好，煮沸后水垢多		
	朱坑村	南井水	2017/7/24	10:25	兰向宇	未记录	未记录	未记录	未记录	清澈	良好		
	朱坑村	北井水	2017/7/24	10:40	兰向宇	未记录	未记录	未记录	未记录	清澈	良好		
南政乡	小王家庄村	井水	2017/7/26	15:26	兰向宇	112° 15′ 44″ E	37° 27′ 54″ N	780m	300m	清澈，静置后有沉淀，煮沸后有白色水垢	不好		
	田家堡1	邻近村民家中	2017/7/26	17:19	兰向宇	112° 16′ 11″ E	37° 27′ 68″ N	782m	150m	清澈，静置后有绿色沉淀，煮沸后有黄色水垢	不好		
	田家堡2	邻近村民家中	2017/7/26	17:30	兰向宇	112° 16′ 11″ E	37° 27′ 68″ N	782m	150m	清澈，静置后有绿色沉淀，煮沸后有黄色水垢	不好		
	王家庄村	无井，山泉水	2017/7/26	17:57	兰向宇	未记录	未记录	未记录	无	清澈	良好		
	西堡	邻近村民家中	2017/7/26	15:35	赵威	112° 78′ 86″ E	37° 29′ 60″ N	750.5m	230m	清澈，咸	一般		
	李家桥村	邻近村民家中	2017/7/26	14:40	王锐	112° 12′ 06″ E	37° 16′ 26″ N	734m	245m	偶尔浑浊	不好		
	贾家庄村	井水	2017/7/26	15:00	闫伟琪	112° 10′ 57″ E	37° 18′ 32″ N	753m	140m	清澈	良好		
洪善镇	北长寿村（村口井）	邻近村民家中	2017/7/26	17:04	龚超凡	112° 12′ 32″ E	37° 19′ 44″ N	731m	200+m	浑浊	不好		
	北长寿村（小学井）	邻近村民家中	2017/7/26	17:30	龚超凡	112° 12′ 58″ E	37° 19′ 33″ N	745m	200+m	浑浊	不好		
	南营村	无井，村民家中	2017/7/26	15:34	王锐	未记录	未记录	未记录	无	清澈	良好		
	东堡	邻近村民家中	2017/7/26	17:32	赵威	112° 12′ 28″ E	37° 18′ 04″ N	724.43m	150m	浑浊	含氟量高		
	宋家堡	邻近村民家中	2017/7/26	16:05	闫伟琪	112° 12′ 0″ E	37° 15′ 55″ N	748m	200m	清澈	不好		
	南长寿村	邻近村民家中	2017/7/26	15:24	龚超凡	112° 20′ 67″ E	37° 32′ 11″ N	742m	120m	绿色透明	不好		
													测定：Paintest

表 5　采样信息例表

村庄（乡、镇+村）		岳壁乡岳北村											
取样信息									检测信息				
取样地点（取样井+取样点）		取样时间	取样人	经度	纬度	海拔	井的种类	是否经过处理	砷含量（μg/L）	氟含量（mg/L）	检测仪器	检测时间	检测人
水塔	岳北中心小学	2017/7/25	孙奕生	112°12′40″E	37°9′58″N	810m		不清楚					
岳北供水站	邻近村民家中	2017/7/25	孙奕生	112°12′46″E	37°10′8″N	880m		否					
村庄信息													
自来水是否经过处理													
村民反映		没有收过水费；水质清澈，无味，但烧开水有很多白色粉末，疑为水垢（已在供水站旁边村民家取样）。											
其他		村口小学处有一个水塔，据说水塔下面有一口水井；水塔北边有供水站，旁边有另一口水井。据村民说两口井不混用，两口井供给不同的区域，供水时间早6-8点左右。我们在岳北村看见一个水库，据村民说是灌溉用。											
下次我们还希望了解：		岳北村的灌溉用水和饮用水在水质上有没有区别，后者是否经过处理；岳北村是否存在用水紧张的情况											

8 除氟慢滤池的研究

8.1 “五一”期间慢滤池搭建情况

（1）综述

“五一”期间清华大学“清源”协会组织了 29 名分别来自清华大学、密歇根大学、太原理工大学的学生奔赴山西平遥，继续进行在这里长期开展的生物慢滤池项目。这次队员们除了维护原有的除砷慢滤池，进行水质调研和水安全宣传外，还要新建 4 台除氟慢滤池。

（2）背景

早在 2016 年暑假，慢滤池支队的队员们走访周边村落，通过访问和水样检测，识别出附近 11 个饮用水中砷含量较高的村庄适合推广慢滤池，其中新建村地下水中氟离子的平均浓度为 2 mg/L，远高于国家标准 1.2 mg/L。氟离子浓度过高会引起如氟斑牙等疾病，长期摄入将严重威胁当地村民的身体健康。

协会与美国密歇根大学 Sustainability Without Borders 社团合作，通过阅读文献比较总结出 3 种可用于降低饮用水中氟离子浓度的方法：活性氧化铝吸附法、碳酸钙助结晶法、氯化钙接触沉淀法。

（3）实践过程

本次“五一”实践，队员们选择了新建村的 4 户人家作为试点来搭建除氟慢滤池。搭建过程和普通慢滤池基本一样：洗沙子、铁钉、细石子和粗石子，只不过我们在 1 号和 2 号慢滤池中加了氧化铝层，3 号和 4 号慢滤池中加了碳酸钙层。其中 1 号池氧化铝装在第一个桶里，铁钉层的下方；2 号池氧化铝装在第二个桶里；4 号池在加水的时候放了点醋。1 号和 2 号对比，探究吸附材料放在哪个位置才有更好的效果；3 号和 4 号对比，探究 pH 对吸附的影响，两组慢滤池对比探究不同材料吸附效果的差别。

（4）实验结果

我们在搭建好除氟慢滤池和两周之后各取了一次水样，结果显示有两个慢滤池出水的氟浓度低于进水的氟浓度，但减少不多，另一个慢滤池出水氟浓度相比进水氟浓度有少许的升高，见表 6。

表 6　实验结果　　单位：mg/L

	2017 年 5 月 2 日	2017 年 5 月 13 日
F01 OUT	1.62	1.56
F02 OUT	1.84	1.646
F03 OUT	1.675	1.729
F04 OUT	1.734	漏水
F01 IN		1.769
F02 IN		1.884
F03 IN		1.707
F04 IN		漏水

8.2　预实验前期讨论

由于“五一”期间利用在原来的慢滤池第一个桶内增加一层氧化铝层，进行除氟处理的效果不够理想（详见本文 8.1 节），因此我们的希望从最基础的条件——材料出发，寻找较为有效的除氟材料。通过查阅文献，我们选择了骨炭作为下一步研究的吸附材料。

在确定并购买骨炭材料后，我们与环境学院博士后魏才倢、何柳，环境学院硕士王智进行了讨论，并确定了实验方案。

8.3 实验一：探究骨炭去除溶液中氟离子的影响因素

（1）实验目的

①探究不同 pH（pH=5.5、pH=6.5、pH=8.0）下骨炭去除溶液中氟离子的效果；

②探究骨炭对不同浓度的氟离子（$c=1\times10^{-6}$、$c=2\times10^{-6}$、$c=3\times10^{-6}$、$c=4\times10^{-6}$、$c=5\times10^{-6}$）的去除效果；

③探究在骨炭存在下，溶液中氟离子浓度随时间（取样时间：0 h、1 h、2 h、4 h、8 h、12 h、24 h）的变化。

（2）实验原理

骨炭由家畜骨高温烧灼而成，是一种高效低成本的除氟剂。有关化学方程式如下。

①离子交换（主要）

$$[Ca_3(PO_4)_2]n\cdot CaCO_3 + 2F^- \longrightarrow [Ca_3(PO_4)_2]n\cdot CaF_2 + CO_3^{2-}$$

$$Ca_{10}(PO_4)_6(OH)_2 + 2F^- \longrightarrow Ca_{10}(PO_4)_6F_2 + 2OH^-$$

②吸附作用

$$[Ca_3(PO_4)_2]n\cdot CaCO_3 \xleftrightarrow{\text{离解}} [Ca_3(PO_4)_2]n + Ca^{2+} + CO_3^{2-}$$

$$Ca^{2+} + 2F^- \longleftrightarrow CaF_2$$

（3）实验过程

①用 10×10^{-6} 的 NaF 标准溶液稀释得到浓度梯度为 1×10^{-6}、2×10^{-6}、3×10^{-6}、4×10^{-6}、5×10^{-6} 的 NaF 溶液，各取 50 ml 置于若干锥形瓶中。每个浓度对应 6 个锥形瓶。

②称取 1 g 骨炭 30 份，加到各个锥形瓶中。

③校准 pH 计，依次检测各个锥形瓶。用 $NaHCO_3$ 和 HCl 溶液调节锥形瓶中溶液的 pH。每个浓度下的 6 个锥形瓶中，调节 pH 使其中两个 pH=5.5，两个 pH=6.5，两个 pH=8.0。（做两组平

行实验以减小偶然误差）

④将所有锥形瓶用锡纸封口，置于摇床中，在 25℃、转速 120 r/min 的条件下震荡。依次取 0 h、1 h、2 h、4 h、8 h、12 h、24 h 的样品 10 ml 于离心管中，做好标记。

⑤利用实验室中的离子色谱仪检测所有样品的氟离子浓度，记录数据，绘制图表。

（4）实验结果

图 1 为初始 5 个浓度的 NaF 溶液在 3 种不同 pH 下 F^-浓度随时间变化情况。

原始数据记录表见附录。

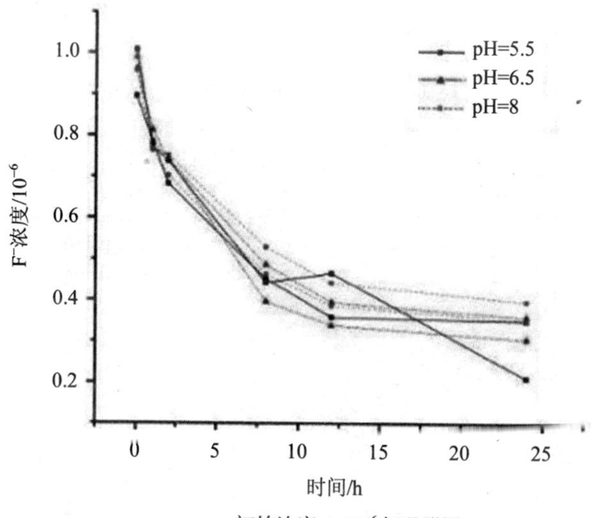

a. 初始浓度 1×10^{-6} 氟吸附图

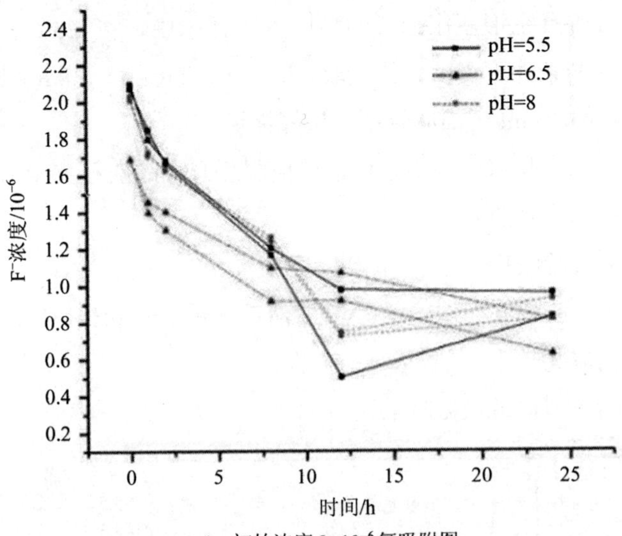

b. 初始浓度 2×10^{-6} 氟吸附图

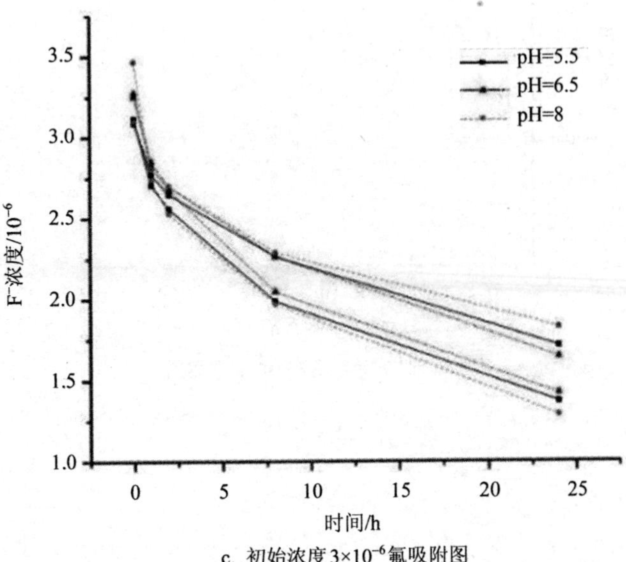

c. 初始浓度 3×10^{-6} 氟吸附图

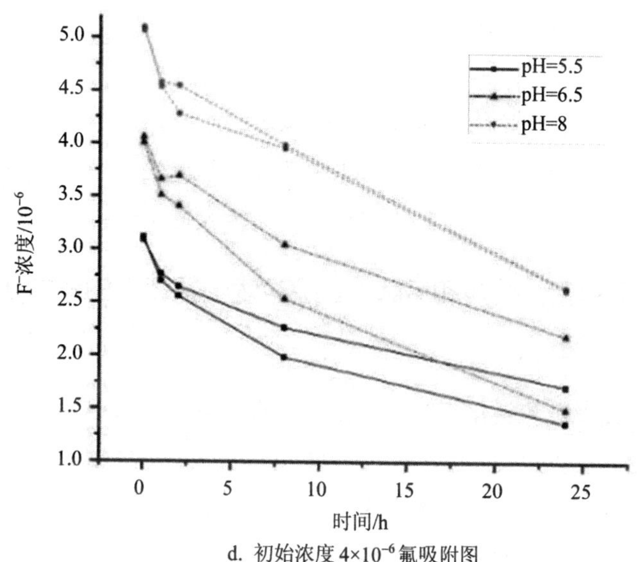

d. 初始浓度 4×10^{-6} 氟吸附图

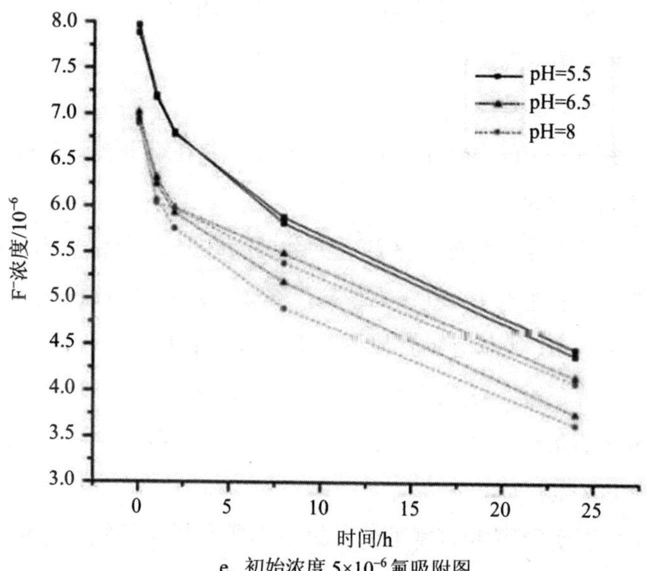

e. 初始浓度 5×10^{-6} 氟吸附图

图 1　不同条件下 F^- 浓度变化情况

（5）结果讨论

①骨炭去除溶液中氟离子的最佳条件为碱性条件；

②氟离子初始浓度越高，残留越多；

③骨炭的吸附速度较快，8 h 内基本可以除去溶液中大部分的氟离子，故除氟慢滤池应使溶液与骨炭接触足 8 h。

8.4 实验二：骨炭和 Al_2O_3 去除溶液中氟离子的能力比较

（1）实验目的

比较骨炭和氧化铝两种除氟材料的效果。

（2）实验原理

①骨炭除氟原理在本文 8.3 节中已阐明。

②氧化铝的除氟原理：活性氧化铝表面积大，而且它特有的“孔道”内表面以及晶格缺陷使它具有强力吸附作用，并在水溶液中有离子交换特性。

（3）实验步骤

①配制 3×10^{-6} 的 NaF 溶液。取 9 个洁净的锥形瓶，每个瓶中加入 100 ml 溶液。

②将所有锥形瓶分为 3 组，每组 3 个。一组分别加入 1 g 骨炭，一组分别加入 1 g 氧化铝粉末，剩余一组不加处理。

③利用 pH 计调节所有锥形瓶中溶液的 pH=6.5。

④将所有锥形瓶用锡纸封口，置于摇床中，在 25℃、转速 120 r/min 的条件下震荡。依次取 0 h、12 h、24 h 的样品 10 ml 于离心管中，做好标记。

⑤利用实验室中的离子色谱仪检测所有样品的氟离子浓度，记录数据，绘制图表。

（4）实验结果

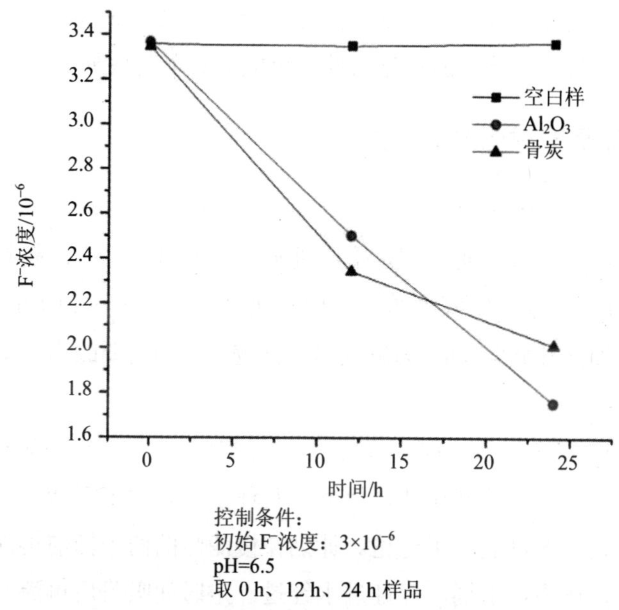

图 2　F^-浓度变化情况

（5）实验结论

在较短时间内（8 h 内），骨炭的除氟效果优于氧化铝，是更优的慢滤池除氟材料选择。

8.5　实验局限性分析

（1）由于时间和仪器的限制，虽然我们通过实验得出了骨炭和氧化铝都具有实际吸附效果，且在目前大部分村庄的水体含氟量范围内（2×10^{-6}～3×10^{-6}），吸附时长达 8 h 时能得到较好的吸附效果。但由于获得的实验数据仍较少，目前还无法得出最优的吸附条件。

（2）对于氧化铝和骨炭的吸附效果验证实验，我们都在实验室条件下进行，采用恒温摇瓶的方式验证其吸附效果，但在实际应用时不具备实验室的良好条件，可能会对吸附效果产生影响。

8.6 除氟慢滤池改造方案

（1）方案的讨论

目前采用的慢滤池都是采用进水流过滤料的方式，起到吸附作用。而在之前的除氟实验中我们发现要是 F^-浓度达到 1 mg/L 以下，需要吸附至少 8 h，为解决这个问题，我们需要改造慢滤池的结构。

2017 年 7 月 26 日，支队长（曹逸宁）、技术指导（胡外外）与环境学院博士后魏才倢、何柳以及环境学院硕士王智，针对慢滤池的设计改进展开了讨论。计划在慢滤池的两个桶前再加上第三个桶，作为蓄水桶，保证进水经过一定时间吸附后再流经后两个桶，桶间通过阀门连接。

（2）遇到的问题

①使用骨炭吸附一段时间后，水质出现变黄的现象，猜测可能是骨炭中残留的有机物质溶入水中，针对这一情况，需要对吸附材料进行前期处理后再在村民家安装；

②对流速和蓄水量、蓄水时间的设定目前还不明确，需进一步模拟实验；

③需进一步明确氧化铝层和骨炭层的吸附饱和限，从而决定桶中吸附材料的用量和使用期限。

（3）下一步计划

①进一步开展系统的控制实验，寻找最优 F^-吸附条件；

②利用实验室设施对实际慢滤池的进出水进行模拟，提出几

种可能的备选方案，在模拟可行的情况下，再在村民家进行实地搭建。

9 实践展望

（1）继续结合本科生科研训练项目（SRT），进一步明确 NIS 除砷慢滤池在实际应用过程中最为有效的机理，探究最主要和有效的吸附介质，确定慢滤池的使用周期，实现对慢滤池的改进和技术稳定化；进一步探究去除砷、氟复合污染的慢滤池结构。

（2）利用已有地下水砷、氟数据构建地下水水质地图，并与麻省理工 MyH2O 和清华大学环境学院系统所研究组合作，为模型预测地下水安全开采区提供数据支持。

（3）我们意识到在中国农村地区的发展阶段，需要从末端处理的角度，提供低成本非集中净水技术，保障农村人民的饮用水健康。我们已成功入驻清华创客空间，希望模块化生产滤池，通过政府采购或企业、基金会赞助，让项目覆盖全山西，使更多农村居民喝上干净、安全的饮用水。

（4）在“清源”协会研究生、博士生和学院课题组的指导下，继续进行除氟慢滤池研发的科研任务，结合实验模拟结果和当地的试验结果，寻求砷、氟共除慢滤池的最优解决方案。

10 成果总结

（1）实验室成果

本次实践临行前，我们在清华大学环境学院大实验室内进行改进慢滤池的预实验。该实验针对当地饮用水中砷、氟含量均超标的现状，希望通过实验找到相对较好的氟离子吸附材料，并将其放置在慢滤池中，得到除氟除砷的双重效果。为此，支队预实验小组分别进行了骨炭和氧化铝在不同实验条件下对氟离子吸附效果的探究，实验发现骨炭对于氟离子具有良好稳定的吸附能力。

（2）搭建成果

支队来到了山西省平遥县梁家堡。我们为 2015 年搭建的一批慢滤池更换除砷的有效部分：铁钉和沙子。此项实践活动全员参加，以 3～4 人小组对村子里慢滤池进行检修，包括取出旧有除砷材料、洗涤粗沙细沙铁钉、按顺序安装新材料、测试慢滤池工作情况。最后支队共更换了 59 家的慢滤池，超额完成了预期更换 40 台滤池的目标。

（3）调研成果

①水质调研

在平遥实践期间，我们分组对其他村落进行水质调研。全体成员参加，共走访了 44 个村子，对每个村子的生活用水水源处进行取样，同时采访当地民众用水感受。在当天晚上对水样的氟含量进行测定，进行了初步的分析。对于水质其他指标的测定将在清华大学实验室继续进行。

②访谈收获

牛津大学“饮用水政策与管理”研究学者 Catherine Julia Arnold 在其硕士研究论文《山西省梁家堡村除砷慢滤池的可持续评估》中将“清源”在陕西省平遥县梁家堡村搭建的慢滤池（mini-NIS-filter）为重点研究对象，并带领 7 名清华大学的本科生组成实践团，于 2017 年 6 月 26 日—7 月 2 日在山西省平遥县梁家堡村完成了为期 8 天的实践调研，并在访谈中向我们进行调研结果和问题的反馈，帮助我们进一步认识到慢滤池的使用现状和当地地下水潜在的微生物污染问题。

（4）分析成果

通过对 Catherine 团队和本次实践所采水样的测试，我们发现当地地下水砷含量从原来的 200 μg/L 已上升到 500 μg/L，在如此高的浓度下，慢滤池已无法将出水降低到安全限，针对这一问题我们猜测是受到前段时间大雨的影响，具体原因还在进一步调研，在“十一”期间再次前往采样和检测。该情况已向当地反映。

（5）感想与收获

本次实践既是一次公益志愿实践，带大家走进农村，真真切切地感受农村的现状和问题并为保障当地的饮用水安全贡献自己的一份力；也是一个科研性实践，是将实验室成果与实际应用连接的桥梁，帮助成员们认识到科研是怎样真正服务于社会的（表 7）。

表 7　重点除砷慢滤池进出水监测数据（2017 年 7 月）

样品编号	对应水样	检测项目	单位	检测值
HJ-170280001	4＃慢滤池 进水	砷	μg/L	260
HJ-170280002	4＃慢滤池 出水	砷	μg/L	235
HJ-170280003	23＃慢滤池 进水	砷	μg/L	259
HJ-170280004	23＃慢滤池 出水	砷	μg/L	164
HJ-170280005	26＃慢滤池 进水	砷	μg/L	254
HJ-170280006	26＃慢滤池 出水	砷	μg/L	75.5
HJ-170280007	33＃慢滤池 进水	砷	μg/L	216
HJ-170280008	33＃慢滤池 出水	砷	μg/L	119
HJ-170280009	73＃慢滤池 进水	砷	μg/L	250
HJ-170280010	73＃慢滤池 出水	砷	μg/L	254

注：该实验结果是维护前的数据，因吸附饱和效果减弱，暑假更换了填料，并在“十一”期间进行再次采样。

绿色金融体系下环保企业机遇与挑战

——基于券商运营的环保企业融资竞争力支队调研成果报告①

1 项目背景

1.1 绿色金融

1.1.1 绿色金融的国际实践

绿色金融的国际实践始于1980年美国的《综合环境反应补偿与责任法》(《超级基金法案》)。该法案规定建立危险物质信托基金和危险废物处置设施关闭后的责任信托基金。当责任主体不能确定、没有能力或者不愿承担治理费用时，由超级基金来支付治理费用，之后超级基金将对能找到的责任主体提起诉讼，向其追索支付的治理费用。这就促使金融机构和投资者更重视环境污染风险可能导致的企业经营风险和偿债风险。此后，主要国际经济组织和世界各国在环评制度建设、定向信贷支持和金融工具创新等方面进行了积极探索。绿色金融理念在国际上属于实践先于定

---

① 作者：雷杰斯（清华大学环境学院2016级本科生）。

义的地位，绿色金融的广义和狭义定义如图 1 所示。

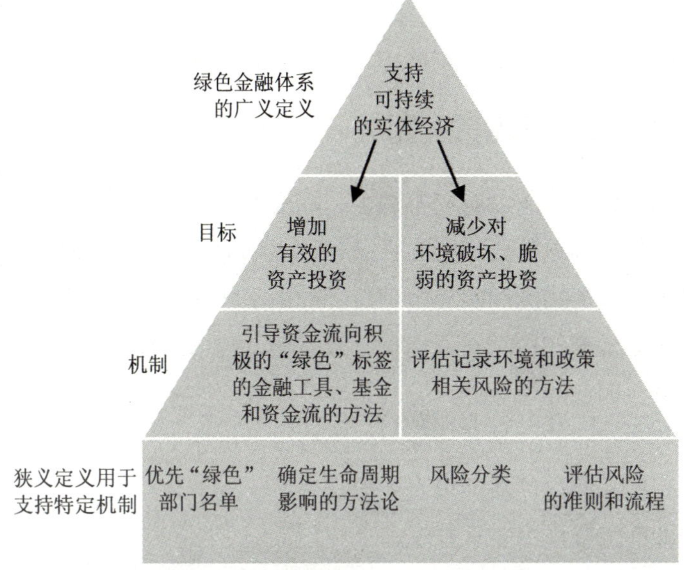

图 1　绿色金融狭义和广义示意图

1.1.2　绿色金融在我国的发展

2011 年 3 月，我国发布了《中华人民共和国国民经济和社会发展第十二个五年规划纲要》明确提出了深化金融体制改革，实施绿色发展的构想，要求围绕绿色发展和资源节约型、环境友好型社会的建设，健全激励与约束机制，深化资源性产品价格和环保收费改革，为我国绿色金融体系的建设提供了明确的方向。绿色金融是金融部门促进节能减排的一系列政策、制度安排及实践，是在金融经营活动中注重对生态环境的保护及环境治理，加强对社会经济资源的引导和配置，引导资金从高污染、高能耗的产业流向有利于生态保护及环境污染治理的产业，以促进社会可持续发展。

绿色金融在我国的实践主要借助于 3 个金融工具，形成了绿色信贷、绿色保险和绿色证券三类业务领域，针对环保企业的绿色金融业务主要是绿色信贷。

1.2 环保行业投融资现状

绿色信贷的体制机制不健全、标准不完善，金融机构缺乏国家层面的具体绿色信贷指导目录和环境风险评级标准，商业银行难以被相关的措施和实施细则监管。由于环保产业特别是工业企业的污染治理往往存在周期长、效益低、技术复杂、不确定性高等特点，因此环保企业，尤其是涉及非政府性质项目，很难从商业银行获得贷款。虽然国家已经出台多个指导文件和优惠政策，但银行向非政府性质环保企业放贷意愿仍然不高，该渠道面对环保企业的资金规模非常有限。

此种情况下，环保企业通过资本市场融资已成为一项重要投资渠道。

虽然环境融资增长迅速，然而数据表明事实上我国的环境投融资所占 GDP 的比例依然较低，占比徘徊在 1.5%～1.8%，大大低于发达国家平均 2.5%的水平。根据相关实证研究表明，环境投资占同期GDP 的 1%～2%时，社会整体环境污染才可能得以控制，停止进一步恶化。

融资渠道扩大普遍是面向大型环保企业，建设大型城市基础设施，通常具有政府背景。这样的投资项目投资巨大、具有稳定的预期收益和已经广泛使用的成熟技术。而中小型环保企业由于资金实力较弱，很难涉足此类型的项目建设。大型企业大量吸收市场上稀缺的环保资本，而使得中小企业更难以融资实现产业化。而往往更先进的技术集中在中小企业上，这也就限制了我国环保新技术的转化应用。于是市场上形成了这一现象：一边是依托资金实力与政府背景的大型企业融资建设低技术水平的环保设施；另一边是具有高新技术的中小企业无资金投入进行成果转化。环保行业融资遭遇瓶颈，但潜力巨大。

1.3 环保企业融资竞争力

1.3.1 企业竞争力评价体系的基本内容

企业竞争力评价，是指借助根据企业竞争力影响因素而建立的指标体系，对企业竞争力水平进行评估的过程。进行企业竞争力评价应遵循 4 个基本原则，即科学性、系统性、可行性以及体系完备性与实用性相结合的原则。

1.3.2 国内外理论研究综述

国内外研究学者对竞争力有着不同层次的研究，对竞争力的定义和阐述来自不同的角度，有的学者认为应该从竞争力的影响因子来进行定义，有的学者认为应该从竞争力的体现形式视角来进行定义，有的学者认为应该从竞争力整体过程进行定义可见，目前国内外还没有就企业竞争力概念达成一致。

国外对竞争力的研究主要来源于资源、能力和市场环境 3 个学派。

资源学派主要强调资源对企业竞争力的重要作用，认为企业中有形和无形的资源是企业竞争优势的来源，是企业获得收益和提高竞争力的基础，主要代表人物有经济学家沃纳菲尔特和柯林斯。能力学派认为企业的核心能力是难以模仿并具有可持续性，强调以企业生产经营行为和过程中的独特能力为出发点，制定和实施企业的竞争策略主要代表人物是加里·哈默。市场环境理论主要侧重于从企业外部产业市场结构进行分析，认为产业市场结构对企业竞争优势的确立起主要作用，较少考虑企业内部因素对企业竞争力的影响主要代表人物是美国著名经济学家波特。

国内学者对竞争力的研究起步比较晚，在结合国外学者研究的基础上，在一定领域也有了显著的成就。著名学者金碚认为企业竞争力是指在竞争性市场中，一个企业所具有的能够持续地比其他企业更有效地向市场（消费者，包括生产性消费者）提供产品或服务，并获得盈利和自身发展的综合素质。张志强和吴健提出企业竞争力在产品设计、生产、销售等经营活动领域以及在产品的价格、质量、服务和满足消费者需求等方面，为企业创造利润，进而促进企业持续发展能力。彭丽红提出，企业竞争力的差异不仅是不同企业的资源能力和环境感知的不同，而且还表现在不同的初始条件基础上不同的成长性所带来扩张的不同。在竞争力评价方法研究中，金碚提出的因素分析法、对比分析法，胡大立提出的模糊综合评价法等，都为企业提供有利的支持。

总之，企业竞争力主要概括为企业作为竞争主体在市场竞争环境中赖以生存和发展的能力，是指企业依据内外部环境变化，有效地利用和配置资源，构建竞争优势，进行市场扩张和获得利润，实现企业持续发展的能力。尽管企业竞争力的含义较复杂，但它应该是一个可以比较的概念，因此我们可以通过一系列具有外显性的量化指标来进行测度。

1.3.3 归纳一级指标

世界范围内针对企业竞争力这一话题，不同机构开发出不同的评价体系，相关文献显示至少有 3 种评价体系公信度较高。世界经济论坛和瑞士洛桑国际管理开发学院评价体系主要因偏向于对国家整体实力、国际竞争力的研究，设计的评价原则、方法和体系受到广泛关注。

世界经济论坛认为，国际竞争力主要是指一国或一公司在世界市场上均衡地生产出比其竞争对手更多的财富的能力。主要强调企业的国际竞争力，影响的关键因素是质量和价格。瑞士洛桑国际开发学院认为，国家竞争力是一个国家在市场经济竞争环境和条件下，与世界各竞争国家相比所能创造增加值和国民财富的持续增长和发展的系统能力水平。国际竞争力指标有 381 项，通过问卷调查取得。该指标主要包括 8 类要素，即国内经济实力、国际化程度、政府作用、金融环境、基础设施、企业管理、科研开发和国民素质。涉及企业管理类的要素主要有 37 个，包括生产率、劳动力成本、公司业绩、管理效率和企业文化等。相较于前两种，《财富》杂志评选出来的对公司潜在竞争力的评价，主要从软资源角度来评价。

由于我们的指标评估对象是国内企业，对于国际企业间竞争力的指标中所包含的部分内容可以不放入评估体系内（国内经济实力、国民素质等）。

我们构建的一类指标共 7 个，归纳为外部和内部因素（表 1）。

表 1　企业融资竞争力评价指标

外部因素	内部因素
社会效应 经营环境	经济效益　人力资源 管理水平　科技水平 资产状况

1.4 实践地情况

1.4.1 鑫联环保科技有限股份公司

鑫联环保科技股份有限公司创立于2000年，致力于以高科技手段对冶金、化工等行业产生的含重金属废物进行清洁利用和无害化处理，成功开创了以资源化利用方式从源头消除重金属污染的产业发展途径，是中国含重金属冶金固（危）废资源化利用领域的技术先导和产业龙头，也是目前全球范围内钢铁烟尘处理规模最大、技术最先进、产业链最完整的高科技环保企业。

鑫联环保的核心技术项目是全球唯一能够对钢铁烟尘进行大规模清洁利用的高科技环保项目，国内外尚无同类技术。而且，鑫联环保在多项技术环节均处于领先态势，如重金属固危废富集技术、环保脱杂技术、多种稀贵金属提取技术、废水提取碘铷技术、钢铁烟尘原位减排技术、节能及污染控制技术等。

融资方面，鑫联环保已进行多轮股权融资，拥有五大战略股东和券商咨询，融资状况良好，2016年进行了“新三板”的挂牌，计划申报IPO①。

1.4.2 北京盈和瑞科技有限公司

盈和瑞成立于2005年，国家级高新技术企业，长期致力于城乡有机废弃物资源化利用、环境污染治理和清洁能源生产等领域，主营业务包括城乡有机废弃物综合处理系统集成、环保装备研发与制造销售以及生物质沼气项目的投资与运营等。历经10余年发

① 首次公开募股（Initial Public Offerings，IPO）是指一家企业或公司（股份有限公司）第一次将它的股份向公众出售。

展，盈和瑞从一家小公司逐步发展，取得了全球罐体业绩超过6 000座，工程业绩近300余项，工程设计500余项等成绩。

盈和瑞是国内最早从事搪瓷拼装罐研发与制造的企业。1999年，盈和瑞前身团队完成了第一座中国人自己设计制造的搪瓷拼装罐，填补了国内该技术的空白。近20年来，在不断创新、改良、调整、再改良的持续优化道路上，盈和瑞生产制造的搪瓷拼装罐长期保持着国内市场占有率第一的位置，盈和瑞也因此成为了中国搪瓷拼装罐的领军企业。目前，盈和瑞已拥有3条设备先进的搪瓷拼装罐生产线，年产10万搪瓷钢板。

融资方面，2017年1月，盈和瑞获得中信建投资本管理有限公司5 000万元的投资。

2 实践形式

2.1 邮件咨询

我们通过邮件的方式咨询了环境学院的专家及有金融行业实习经验的博士生，他们从理论的角度对于环保行业融资情况进行分析，开拓了实践思路，为实践的细节展开指明了方向。

2.2 电话采访

为了了解券商评估投资项目的具体流程，我们与中信建投的罗元锋进行了一次电话预采访，并与他探讨指标化评价环保企业融资竞争力的可行性。同时我们疑惑之处，如环保行业投资逻辑向罗元锋提出，邀请他在接下来的座谈当中为我们单独介绍，旨在更充分地为座谈做好准备。

2.3 介绍座谈

支队队员分别与两位券商工作者、两家被投环保企业投融资负责人进行了 3 次面对面座谈。被访者先就自己的公司和自身的业务情况为我们进行简要介绍，随后针对我们经事先调研提出的问题做回答，最后支队队员再根据介绍内容对他们进行采访。介绍加现场提问的方式使得队员和被访者能够以更灵活的方式表达观点，交流看法。

3 调研发现

3.1 资本角度环保行业发展

通过采访罗元锋和周妍，我们了解到不同视角下的环保行业发展历程。传统环保领域可分为大气、污水和固体废物三大领域，而三大领域的发展时间和成熟程度有先后顺序。我们在他们的思路引领下查找分析了目前发展较好的环保类上市公司的时间及公司主营业务，筛选出三大环境传统领域的代表企业，整理数据见表 2。

表 2　环保行业传统三大领域主要上市公司与上市时间

大气	上市时间	污水	上市时间	固体废物	上市时间
同方股份	1997 年 6 月	城投控股	1993 年 5 月	中国天楹	1994 年 4 月
东湖高新	1998 年 2 月	创业环保	1995 年 6 月	桑德环境	1998 年 2 月
山大华特	1999 年 6 月	国中水务	1998 年 11 月	格林美	2000 年 1 月
凯迪电力	1999 年 9 月	首创	1999 年 8 月	瀚蓝环境	2000 年 12 月
国电南自	1999 年 11 月	菲达环保	2000 年 12 月	盛运环保	2010 年 6 月

大气	上市时间	污水	上市时间	固体废物	上市时间
中电远达	2000 年 11 月	洪城水业	2004 年 6 月	富春环保	2010 年 8 月
九龙电力	2000 年 11 月	万邦达	2010 年 2 月	永清环保	2011 年 3 月
龙净环保	2000 年 12 月	重庆水务	2010 年 3 月	绿色动力	2014 年 6 月
菲达环保	2002 年 7 月	碧水源	2010 年 4 月	粤丰环保	2014 年 12 月
国电清新	2011 年 4 月	环能科技	2015 年 2 月	伟明环保	2015 年 5 月

*数据来源：各上市公司公开资料。

对比表 2 中各领域公司上市时间可以看出，传统三大环保领域的发展先后顺序大致为：大气、污水和固体废物，对此，我们在采访当中得到了对此现象更加详细的分析。环保在资本市场上最开始属于公共事业的板块，公共事业包括燃气、电力、水务等，由于公共事业的生产需求衍生出了环保这个领域。电厂就是最先开始使用脱硫脱硝的大气设备的企业，因此环保企业最早的发展起点就是大气，主要生产大气设备，从数据可见较早上市的也确实是电力方面的大气治理公司。而接下来逐渐发展的则是污水处理和固废处理型的公司，对此，罗元锋和周妍给我们的解释将环保和人的感官度结合起来。环保几大传统领域的发展先后是与人类的感官密切相关的。大气是一个人的感官度特别强的东西，有雾霾大家都很容易感知。紧接着是水污染的问题，一开始，安全的饮用水冲淡了人们对于水质问题的感知程度，而随着城市化进程的推进，人口密度增大，对水污染的感知程度逐渐加强。而最后才是不容易发觉的固废问题，像城市垃圾运往垃圾处理厂之后人们就见不到了，所以很难意识到问题的存在。重金属污染、土壤污染等可感性就更低了。

为了更直观地表现三大领域发展先后及成熟度，我们整理出图 2 示意。

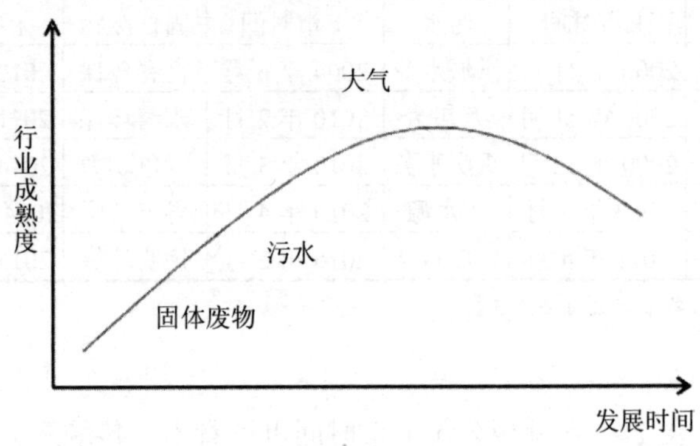

图 2 环保行业传统领域发展时间及行业成熟度

3.2 环保行业商业模式及改进建议

3.2.1 环保行业特点

通过采访我们了解到，首先，在消费者群体方面，环保行业的独特之处在于它并不直接面向普通的个体消费者，而是面向政府或者企业（2 g&2b[①]），而诸如家用空气净化器等环保产品生产厂家在此并不考虑，我们主要探讨的是常规的传统环保产业。其次，在行业驱动力方面，环保受政策驱动，受国家重视程度的影响很大。最近几年我国环保事业发展增速较快，与“水十条”“土十条”“大气十条”等政策的出台密不可分。最后，从营利性方面，环保行业的盈利能力不强。环保具有公用事业属性，环保事业收取的费用必须是公众所能够承担的，存在一个行业外部性无法通过市场内在化的问题，相较其他以盈利为主要目标的行业来说，

① 2g：to government；2b：to business。

盈利能力减弱。而近来政府出台的环保方面政策当中都提到了融资，一定程度上改善了环保行业盈利能力弱的现状。

3.2.2 环保企业商业模式

基于环保行业的特点，支队想要进一步了解环保行业的商业模式。访谈中罗元锋向我们系统地介绍了环保行业的三大商业模式，分别是：生产专业设备与耗材、进行技术服务（EPC）、承担项目运营（BOT）。一家企业可以是三种商业模式的单一或组合形式。

①生产专业设备与耗材：顾名思义，采用这类商业模式的环保企业进行一些环保工程设备的生产，如污水厂中的泵、阀、沉淀池、刮泥机之类设备。最早是一些欧美的企业在进行环保设备的生产，到 20 世纪 80 年代左右国内设备类环保企业开始发展，其中颇有代表性的是中国宜兴科技环保生态园。宜兴科技环保生态园中至今仍有大量外资企业，外资企业在生产设备方面优势较大，不过国内企业也在逐步进行科技研发创新。

②环保工程（EPC）：20 世纪 90 年代，国人环保意识不断增强，国家层面上，淮河治理进入新阶段。可以看出，环保作为一个产业有了发展的势头，省会城市的污水处理厂开始修建，此时就诞生了环保工程类的公司。环保工程的工程性质决定了它具有一整套规范的流程：设计—购买设备—施工—调试，对于技术的要求提高，环保产业链延长，覆盖面积更加广泛。

③特许经营权（BOT）：由政府机构授权，准许特定企业使用公共财产，或在一定地区享有经营某种特许业务的权利。2000 年前后，在政府具有拉动投资需求但资金有限的情况下，引入社会资本来参与投资，BOT 就顺势而生。2003 年，BOT 在市政方面

如污水处理厂和垃圾焚烧厂发展迅速、如火如荼。现在发展良好的一些公司，如首创[①]、北控[②]、光大国际[③]都是那时开始进行投资和项目运营的。以建筑业为例来更好地理解 BOT，即以前是国家出资建造房屋，现在企业承担建造，政府购买服务，企业收取“租金”。

3.2.3 各商业模式的发展建议

3 种模式各有特点，为了成功发挥每一种商业模式的优势，我们根据采访总结出针对各种模式的发展建议，从侧面也能看出环保行业的未来发展趋势。

①生产专业设备与耗材：产品类的公司首先需要准确判断产品需求量。环保市场设备的需求量相较日用品来说市场小得多，具体到某几种设备之间的需求差异也是可观的，这就要求踩准商业点，认清市场需求。其次保证需求量之后，生产过程中的规模化是降低成本提高利润的关键。利用规模效益能够有效分摊场地和管理成本。最后生产产品建议做到标准化，标准化是一个产业成熟的标志，代表一个成熟完善的生产、管理流程，一定程度上提高了效率。

②环保工程：工程类企业由于其项目性和周期性，需要尽量

---

① 北京首创股份有限公司是一家国有控股上市公司，在全国 20 多个省、自治区和直辖市的 80 多个城市拥有参控股水务项目，致力于成为世界级水务环境综合服务商。

② 北京控股集团有限公司是一家以城市燃气和基础设施为核心业务的综合性公用事业红筹公司，位列中国 500 强公用事业、公共设施经营和管理类企业第 1 名。旗下有北控水务、北控环境等企业。

③ 中国光大国际有限公司（“光大国际”）于香港联合交易所有限公司主板上市，是光大集团实业投资的旗舰公司。该公司以绿色环保和新能源为主业，以光大环保工程技术（深圳）有限公司和光大环保科技发展（北京）有限公司为业务支撑，以环保能源、环保水务和新能源三大领域为业务发展重点。

扩大市场找到稳定的需求。EPC 的高峰已经到来了，现在正在逐步往下走，工程类公司的数目正在减少。

③项目运营：项目运营类的公司数目呈增长趋势，未来对于项目运营类项目的需求正在逐步扩大。项目运营类公司是资本和资源密集型公司，有必要积累资本和资源。

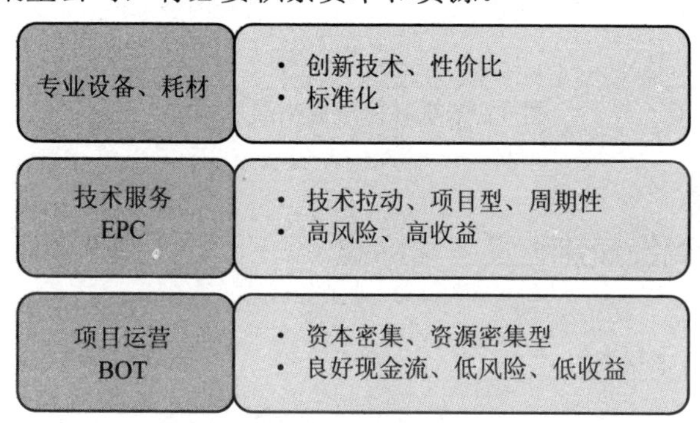

图 3　3 种商业模式发展建议

3.3　环保企业发展前景

文献显示，我国环保产业的现状不良，主要体现在产业结构的不合理性上。据统计，2006 年我国环保产业单位约 3.5 万家，但 5 000 万元以上的大型规模经济单位仅有 1 770 家，占总数的 19.7%，近 70%都是小型企业，尚未形成一批大的环保产业集团，规模经济没有形成。企业数目多、规模小，呈现出一个不成熟行业的产业结构，采访中罗元锋对于环保行业未来的趋势进行了分析，他认为顺应行业成熟发展的趋势，未来环保行业的格局可能从企业数目多、规模小转变为企业数目少、规模大的格局（图 4）。

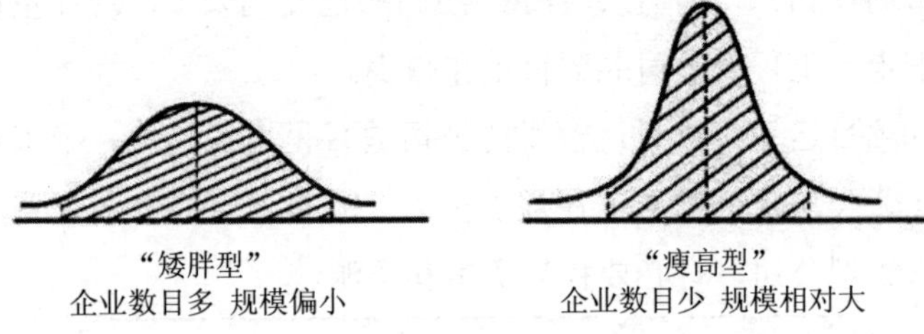

图 4 未来环保产业格局示意图

3.4 券商投资流程及考察标准

3.4.1 投资流程

查阅文献中得到的投资流程为：①寻找客户，明确大致服务意向和服务条款后初步尽职调查，如无大问题签订合同；②如中介机构（券商+会计师+律师）未齐备，则协助组建完成，如有融资需求，协助完成；③根据各家公司风控的不同要求完成较为全面的尽职调查，通过内部立项；④根据申报期的要求准备招股书稿和底稿、财务核查底稿等，并与会计师、律师的审计报告和法律意见书相互协调，确保出具的时间点赶上申报期；⑤通过公司质控的风险控制流程；⑥向证监会申报，多轮答复反馈意见；⑦上发审会；⑧拿到批文以后开始路演、薄记询价等；⑨发行完成，数天后上市交易；⑩2～3 年持续督导。

而我们在进行采访时，券商们给出一个较为简明易懂的答复，整理出简化的流程图如图 5 所示。

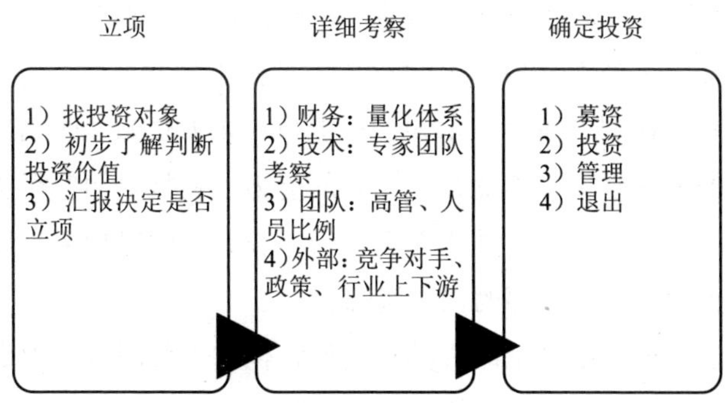

图 5　券商投资流程图

3.4.2　券商考察企业标准

（1）考察标准

尽管有以上详细、规范、专业的操作流程，我们采访了解到券商在对企业进行考察时的侧重内容也有高度的主观性，但我们就标准问题对不同被访者进行采访时得到了不同的解答。对于我们给出的 7 个指标，都是考察过程中所必要的，实践背景中提到我们按照外部和内部将 7 个指标划分为两组：

①外部因素：经营环境、社会效益。②内部因素：经济效益、资产状况、管理水平、科技水平、人力资源。

券商方面认为，外部因素对于一家企业能否做大做强显得更为重要。其中，经营环境指这家企业所处的产业链位置，也包括在同类企业的竞争环境中的位置；而社会效益这一抽象概念可以转换成国家政策指导方向，因为国家对于环保社会效益的认可往往体现在政策指向上。把控行业风口，抓住行业发展方向是一家企业成功发展的重点，外部因素是主要的因素——方向感非常重要。内部因素相较于外部因素重要性略低，需求和市场是第一要素。内部因素当中财务相关的资产状况和经济效应有一套成熟的考察体系，在剩下科学技术和管理能力、人力资源（即团队综合能力）的考察当中，券商认为团队的能力比科技更加值得重视。现代社会正在从一个“技术在手，天下我有”的时代逐步过渡，优秀的企业家也是重要的稀缺资源。

企业同样承认外部因素的重要性，但在内部因素当中更加强调技术的作用，认为技术依然是企业发展的立足点。

（2）差异解释

二者的差异是可以理解的，我们认为这种差异能够从两个方面来解释。

首先，进行实际运营的是企业，它面临的经营困境和竞争企业的状况更加现实。而券商考察企业的视角部分抽离了实际运营，而去关注更高层次更长远的发展问题（能否上市）。券商归根结底以盈利为目的，在投资当中拥有一定程度的容错性，因为它同时投资多家企业，只要有一家企业具有良好的成长性，券商就有利可图。然而企业经营的时候则面临一个非此即彼的零容错的境地，更加需要技术基础维持稳妥。一个关注更高更远的发展，一个着眼于保障现实运营。

其次，券商对于企业的控制程度较低。券商作为投资方和顾问，只能在资金上给予支持、业务和资源上进行帮扶，而无法影响到管理层的人员变动，也因此更看重管理层的素质。而企业有权对于管理人员进行调整变动，更偏重于技术的稳固性。

3.5 绿色金融对投资业的实际影响

3.5.1 绿色金融的意义

通过采访得知，绿色金融对于环保投资的影响是不可忽视的。

经济方面，更多资金涌入环保行业，相关环保基金的成立使得总体上环保行业的关注度提高。相比于过去更多的机构开始关注环保产业的发展和环保制造业的未来，关注度能够带来资金和资源的利益加成。环境治理与环保制造齐头并进，从而壮大环保事业的体系。

环境方面，环保企业的环保效益也会得到关注。环保效益是指污染预防及避免浪费会带来经济上的收益。如鑫联环保的重金属危险废物处理项目，他们处理了这些废物，一方面将其资源化利用，生产出可用的产品；另一方面间接地减少了这些废物的潜在污染，这两部分的效用就是环保效益。

3.5.2 绿色金融的协同措施

绿色金融是我国环保事业发展与国际接轨的一个尝试，尚未得到政策性的落实。而2018年推行的环保税制度，就是一个明确的举措，配合绿色金融实施可以募得部分资金来源。排污费转为环保税对于环保产业的影响是巨大的，为环境保护和排污立法使得环保更加刚性，避免了排污费落实到地方上存在的强制性不高、排污量不实的现状。环保税收取的费用返还环保企业，得以将外部性内在化，为环保事业注入资金活力。同时，相当于环保企业得到了减税的优惠政策，助力环保事业发展。

环保税可作为绿色金融的基础，期待环保税收制度落实后绿色金融的发展。

4 思考启发

4.1 环保行业投资存在的问题及改进建议

➢ 问题 1：资金分配倾斜

在企业发展过程当中存在着相当的“马太效应”，大型企业由于资本更充足，更有实力进行技术研发和收购整合，拥有资源也更多，也更有机会进一步扩大资金规模；而中小型企业面临着资金链运作困难的问题，资本的短缺削弱了核心技术的竞争力，其获得资金也更困难。此效应限制了中小型企业的发展，不利于环保行业的充分竞争，抑制了市场的活力。

建议：改善中小型环保企业融资环境

发达国家对于环保投资的一些政策值得我们借鉴。亚洲国家中，环保事业发展较早、产业较成熟的日本为改善中小型环保企业主要采取了两大措施：一是采用政府投资模式，设立多个政府性质的环保项目基金，并以法律的形式保障基金能够长期稳定地获得政府财政支持；同时，日本设有专面向中小型环保企业的日本环境保护集团，为中小型企业提供信贷。而在美国，则有法律规定每年 GDP 最低投入环保的比例，切实保障资金流入环保产业。

应用到我国，首先，完善相关法律法规，推进绿色金融标准化体系建设，政府出面从资金来源上给予支持，避免一些机构打着“绿色金融”的“擦边球”。其次，设立更多政府参与的中小型环保企业基金，定向服务中小型环保企业。

➢ 问题2：中小型环保企业分散度高

企业的规模效应能够通过分摊管理成本等方式助力企业发展，相比大型企业而言，中小型企业并没有这种优势。同时，中小型企业通常以一种技术或一种工程为基础发展，只能参与到环境治理大方案当中的一个环节，尚不能形成一个全方位的环境治理体系，竞争力不如大公司旗下收购的相同方向的公司，发展受到诸多限制。

建议：建立中小型环保企业孵化园

政府主导，吸引社会资本，建设中小型环保企业孵化园，在政策上给予优惠。降低管理成本，统一处理危险废物，并为它们提供资源对接服务，支持中小型环保企业科研项目，促进相互合作交流。

➢ 问题3：全民参与度低

总体来说，"绿色金融"在公众当中的可感度不高，对于非环保相关行业的普通民众来说更偏向于一个口号性的存在，无法在长期内使民众保有对于环保事业的关注度，不利于资金的持续流入。绿色金融的热度削减，环保投资的高峰又可能随之削减，缺乏长久的动力。

建议：发展"全民绿色金融"

把握关注和热点，推广"公益+环保"类产品，引导资金流向，发挥群众力量。"蚂蚁森林"项目的成功预示着当代国人环保意识和公益意识的提高，并愿意为此投入资本、做出行动。环境保护归根结底是为人服务的，需要树立一个观点：环境问题的产生并不只是与某一部分污染企业相关，每个人都有自己的碳账户，对环境产生了一定的影响。在影响很难追责的前提下，利用公益的形式，使民众自愿地承担起这部分的责任。环保也是一种影响力投资。

4.2 不足与展望

本文提出的改进建议大都是从企业外部的角度出发，提供融资环境改进方案，而缺乏对于环保企业内部情况的考量。事实上，中小型环保企业内部治理不规范，信息透明程度低也是其融资困难的一个原因。希望将来对这一点进行更深入的调研。

5 结语

本次实践贯穿整个暑假，前期支队进行了充分的企业竞争力文献调研，中期外出采访了 2 位资深环保行业券商，2 位环保企业投融资负责人，与他们进行了 3 次座谈，支队最终得到了“绿色金融”体系下环保行业投融资的基本状况与我们构想的环保企业融资竞争力的评价标准。

此次实践给我们带来了诸多成长与收获，诸多启示与反思。走出课堂学校，我们接触环境专业前辈的工作与生活；跳出学科限制，我们感受“环境+金融”融合的独特体验与新鲜视角；走出技术科研，我们从“绿色金融”宏观经济政策上观察环保企业的融资现状，思考“绿色金融”体系如何健全，探索环保产业未来发展方向。

环保事业的幼苗，需要经济的滋润灌溉才能蓬勃生长。面对环保需求日益增加的现状，我们感叹到环保事业快速发展的同时，也遗憾某些环保企业发展的疲软无力，中小型环保企业的融资困境。我们欣喜地了解到环保税政策即将施行，国家正着手改善环保企业生存环境，我们也尽力探索，如何更好地让尽量多的环保企业受益于“绿色金融”及相关政策，得到融资帮助，助力高新技术研发。

我们针对当前绿色金融和环保投资业存在的资金分配倾斜、中小型企业分散程度高、全民参与度低三大问题，提出了相应的建议，希望通过政策支持改善环保企业融资环境，建立中小型环保企业孵化园，将环保与公益相结合发展“全民绿色金融”。通过一个暑期调研得到的分析和建议未必全面，但代表我们作为环境人对于环境事业的一份关心和热忱，一颗努力为环保事业做出一些贡献的决心。

习近平总书记在党的十八届五中全会上提出了“创新、协调、绿色、开放、共享”五大发展理念，绿色发展成为“十三五”乃至更长时期我国经济社会发展的一个基本理念。绿色发展尤其是绿色环保企业的发展自然是重要的一部分。环保事业的发展，需要无数环境人的努力前行。

参考文献

[1] 王曦，胡苑. 美国的污染治理超级基金制度[J]. 环境保护，2007（10）：64-67.

[2] 蔡玉平，张元鹏. 绿色金融体系的构建：问题及解决途径[J]. 金融理论与实践，2014（9）：70-74.

[3] 张承惠，谢孟哲，田辉，等. 发展中国绿色金融的逻辑与框架[J]. 金融论坛，2016，21（2）：17-28.

[4] 中国人民银行杭州中心支行办公室课题组. 绿色金融：国际经验、启示及对策[J]. 浙江金融，2011，（5）：20-25.

[5] 刘峥. 我国中小环保企业融资问题研究[D]. 北京：对外经济贸易大学，2016.

[6] 郑秀亮. “水十条”开启环保产业盛宴[J]. 环境，2015，（6）：56-58.

[7] 丁飞，於素兰. 试析我国环保产业发展中存在的问题[J]. 全国商情（经济理论研究），2013（13）：12.